别让好脾气害了你

不做习惯型"好人"

张宇 / 著

中国华侨出版社

·北京·

图书在版编目(CIP)数据

别让好脾气害了你：不做习惯型"好人" / 张宇著. -- 北京：中国华侨出版社, 2023.9
ISBN 978-7-5113-8645-8

Ⅰ.①别… Ⅱ.①张… Ⅲ.①性格—通俗读物 Ⅳ.①B848.6-49

中国版本图书馆CIP数据核字（2021）第198248号

别让好脾气害了你：不做习惯型"好人"

著　　者：张　宇
责任编辑：姜薇薇
封面设计：韩　立
文字编辑：宋　媛
美术编辑：吴秀侠
插图绘制：小　军
经　　销：新华书店
开　　本：880 mm × 1230 mm　　1/32开　　印张：5.5　　字数：110千字
印　　刷：河北松源印刷有限公司
版　　次：2023年9月第1版
印　　次：2023年9月第1次印刷
书　　号：ISBN 978-7-5113-8645-8
定　　价：38.00元

中国华侨出版社　北京市朝阳区西坝河东里77号楼底商5号　邮编：100028
发 行 部：(010) 58815874　　传　真：(010) 58815857
网　　址：www.oveaschin.com　　E-mail：oveaschin@sina.com

如果发现印装质量问题，影响阅读，请与印刷厂联系调换。

前言

REFACE

很多人从小总是接受这样的教育：脾气越好的人越受欢迎，越能克制自己情绪的人越容易成就大事。自然而然长大以后就会形成这种错误的观念。实则相反，往往好脾气的人，反而更有可能被排斥。

当好脾气的人遇到别人的无理取闹时，经常会告诫自己"算了吧，没有必要计较"，或者"忍一忍就会过去"；经常原谅和同情那些伤害自己的人，经常同情那些犯错者；经常和别人说心里话，而且还将一些私密内容拿出来与人分享，没有丝毫戒备心；经常被身边人欺骗，但还是义无反顾地相信他们；经常抱着"我吃点亏没事"的想法；见谁都说好话，经常改变自己的立场。这些都是坚持"以和为贵"这一原则的一些具体表现，坚持这一原则的人对外界的伤害和攻击常常忍气吞声、视若无睹，甚至主动逃避。这种"多一事不如少一事"的想法，使得人们更善于妥协,而不是采取"进攻型"的措施来保护自己。

事实上,脾气越好,越能克制自己的人,越是难以有所成就,这是因为:他们难以坚持自己的意见,不敢坚持自己的原则,无法让自己的才能发挥出来。更重要的是,在充满竞争的环境中,一个没"脾气"的老好人,总是会成为被伤害的对象。如此一来,好脾气的人不仅陷入被动的人生状态,最终更是难以有所作为。

一个人的脾气可以很好,但是一旦好到任人摆布的地步,就成了自身最大的缺点。当你认识到这些问题的时候,就需要做出一些改变了。本书从多角度多方面讲解了脾气太好的弊端和危害,并给出了一定的指导方法和意见,让大家学会如何调整和改变自己,从而更好地提升自我。强大的人是需要一点脾气的,只有做你自己,世界才会记住你,你才能赢得他人的尊敬。

目录

CONTENTS

第一章
最怕你脾气好，却总是被忽视 1

你的软弱成就别人的强硬 2
应对背后说你坏话的人 4
正直不是一味愚憨 7
善良千万不要滥用 10
学会抵御暗处的袭击 12
别做老好人 14

第二章
你以为的退让，并不能解决问题 17

永远不要失去自我 18

你是谁由你自己决定 21
人心叵测，给自己的隐私加把锁 24
小心那些"小人" 26

第三章
真正做自己，不要试图迎合别人 29

危机感是个人成长的信号 30
生于忧患，死于安乐 32
守口如瓶，保守职业秘密 35
千万别找公司里的人诉苦 39
不要加入议论人非的群体中 41
均衡——三位一体工作法 43
掌控了时间，就掌控了生活 46
和谐工作，才能拥有和谐生活 49

第四章
真正的强者要严格待人待己 53

一万次小心，也可能有一次不小心 54
突然出现的阔朋友未必真关心你 56
小人离间会让你死得不明不白 60

观其行，察其言，才敢与君交 65
是非的浑水蹚不得 67
热心未必是好心，好心也要防心 69
走过同样的路，未必就是同路人 71

第五章
保持勇猛，你的人生才能突出重围 79

举手投足间展现你的强势 76
积极进取，"我的位置在高处" 79
给自己制定更高的标准 82
做到最出色才最具竞争力 85
全力以赴，追求最完美 87

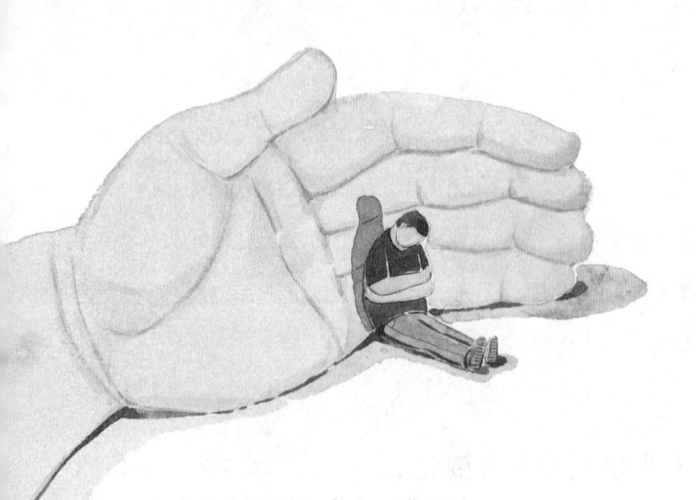

宽容为大：别人发火，你熄火 91
诚信为本：不欺不诈，信守承诺 93
审视过往，三省己身 96

第六章
职场是激烈的竞争之地 103

多交"盟友"，补充实力，创造佳绩 100
与同事交往多同流少合污 103
和密友同事保持安全距离 105
同事间的竞争也要多留心 108
不在同事面前发脾气 111
听懂同事抱怨背后的真意 114
别和同事有金钱往来 117
同事习难，一味妥协不是办法 120

第七章
不做老好人，才会赢得博弈 129

把虾米联合起来，能帮你吃掉大鱼 124
可有可无的人，随时可能被替代 127
选择互补的搭档，取人之长补己之短 131
积极学习，拥有走到哪里都有饭吃的"铁饭碗" 134
有效合作，让牵手抚平单飞的痛 136
主动多付出一点又如何 139
你好我好大家好 144

第八章
别让你的善良成为他人的工具 153

轻易点头，也许是想拒绝你的要求 148
经常恭维你的，多数是你的敌人 149
最大的危险来自那些让你看不出危险的人 152
小心最了解你的人，有时他是最危险的 154
人的内心体现在脸上，而不是嘴上 157
反常的举动背后必有原因 160

第一章
最怕你脾气好，却总是被忽视

别 让 好 脾 气 害 了 你

你的软弱成就别人的强硬

泰德是某出版社的职员，由于自己是从外地应聘来的，自觉比周围人先天不足，所以他在工作中处处小心、事事谨慎。对每位同事都毕恭毕敬，即便与同事发生小摩擦，他也从不据理力争，总是默默地走开。大家都认为他太老实，于是，都不把他当回事，以至于在许多事情上总是他吃亏。想起两年来同事们对他的态度，尤其在奖金分配上自己老是吃亏这些事，泰德心里觉得委屈。于是残酷的现实使他不得不对自己的为人处世进行反思。

有一天，办公室的一位同事擅离职守丢失了东西。这位同事嫁祸给泰德，说是他代自己值的班。主任在会上通报这件事时，泰德马上站了起来，说道："主任，今天的事你可以调查，查一查值班表。今天根本就不是我的班，怎么能说我不负责任。主任，有人是别有用心，想让我替他顶罪。并且，我要告诉你们，大家在一起共事也是有缘，我实在是不想和同事们争来争去。以后，谁要再像以前那样待我，对不起，我这里就不客气了。"

经过这件事，泰德发现同事们对他的态度有了明显的转变。他也不想再扮演被人欺负的老实人角色了。

人与人之间的机会是平等的，即使竞争也是如此。所以，要想在办公室里和别人一样平等，就不能太过老实。随着社会的发展，办公室竞争日趋激烈，如果你以一个"弱者"的姿态出现在办公室，不但不会引起别人的同情，相反，还会有人往你头上踩一脚。所以，请收起你的懦弱，藏起你的老实，勇敢地面对竞争吧！只有竞争，才有进步和发展，才能创造出更好的成果，才能推动社会的进步和发展。

忍让是老实人最大的特点。忍让往往让对方得寸进尺，直到令你忍无可忍。人往往会得意忘形，哪里有便宜就到哪里去，谁好欺负就欺负谁。职场如此，人类社会亦如此，善良的人往往是被统治者。忍让不是办法，真正的办公室生存法则是勇敢面对，从每一件小事做起，把握原则，坚持真理，杜绝邪恶，别让对方的无理取闹越演越烈，直到无法收拾的地步。

在办公室里，时常会出现"欺软怕硬"的现象。如果过于老实，你的前程将会出现很大的危机。在上司眼里，一个连自我都保护不好的人，肯定是无法胜任重要职位的。所以，怎样才能不会因老实而成为受人欺负的对象是一门重要的学问。要改变被人欺负的现状，就必须坚强起来，与欺负你的人抗争。除此之外，还可以提高自己的办事能力。这样，那些原来欺负你的人就会有所收敛。

有些人认为"吃亏就是占便宜"，吃点小亏没什么，用阿Q精神来安慰自己。但是，在竞争日益激烈的当今职场，这种想法可行不通。你应注意自身修养，要做到胜任工作，守信用，不让个人情绪左右工作，脚踏实地地工作。进攻才是最好的防守，一味忍让，苦守在自己的城堡里，总有一天会被敌人攻下。唯一的办法是主动出击，保护自己，这样才能做到真正的防守。这样你才会成为上司眼中极具潜力的人，你的前途自然会不可限量。

应对背后说你坏话的人

俗话说，人无千日好，花无百日红。人与人之间相处，贵在真实、平淡。对于那些搬弄是非的人，我们历来认为："来说是非者，必是是非人。"无数事实证明，那些善于搬弄是非的人，几乎都是成事不足，败事有余的人。若真的有协调能力，有公关水平，有让人敬慕的人格力量，就不可能去搬弄是非。归根结底，搬弄是非是软弱无能的表现，是在人与人之间玩弄的一种"小伎俩"，任何时候都不能登大雅之堂。

当你有天发现竟然有人在你背后四处说你坏话，暗中破坏你的形象，你该怎么办？千万不要因为一时气不过，就怒气冲冲地找对方理论。

先稳定好自己的情绪，然后以平静的心态一步步地化解难题。

第一步，检讨自己。你应该想想，自己是不是做了些什么事，说过什么话，让对方看你不顺眼。如果不明就里地就去找对方兴师问罪，只会让对方看你更不顺眼。

第二步，问清楚原因。你可以问："我不知道发生了什么事，是否可以告诉我是什么问题。"如果对方什么话也不愿意说，那你干脆直截了当地跟对方说："我知道你对我似乎有些不满，我认为

我们有必要把话说清楚。"

第三步，委婉地警告。如果对方不肯承认他曾经对别人说过不利于你的话，你也不必戳破对方，只要跟对方说："我想可能是我误会了。不过，以后如果我有任何问题，希望你能直接告诉我。"你的目的只是让对方知道：你绝对不会坐视不管。

第四步，向老板报告。当类似的事情第二次发生时，你可以明白地告诉对方："如果我们两人无法解决问题，就有必要让老板知道这件事情。"如果事情仍未获得解决，就直接向老板报告。当然，不是所有的情况都必须向老板报告。如果对方只是对你的穿衣品位有些挑剔，就让他去吧，这并不会影响你的工作或是你和同事之间的关系。

同事之间应该豁达大度，应该相互容忍，相互谅解，而不要动不动就怨恨对方，人为地制造紧张。因此，当听到某一同事谈论对另一同事的不满时，切记不要搬弄是非或者雪上加霜。明智的办法是充当调解人，在互有成见的同事之间多做一些"黏合"和"调和"的工作。隐去双方过激的不友好的话，而说一些能起到缓解矛盾和融洽关系的话。

要启发双方多想别人的长处，多找自己的不足，不要纠缠细枝末节，不对已经过去的事情耿耿于怀。只要真心诚意地维护同事之间的团结，并兢兢业业地做好工作，互有成见的同事就一定会尽弃前嫌，和好如初。

正直不是一味愚憨

做人固然需要正直，但是如果一味愚憨，不分对象，则一定会吃亏乃至失败。面对品行不端之人，与品行不端之人打交道，就要灵活应变，不该善良软弱的时候就要先出狠招，制服对方。

东晋明帝时，中书令温峤备受明帝的信任，大将军王敦对此非常嫉妒。王敦于是请明帝任温峤为左司马，归王敦管理，准备等待时机除掉他。

温峤为人机智，洞悉王敦内心，便假装殷勤恭敬，综理王敦府事，并时常在王敦面前献计，借此迎合王敦，使他对自己产生好感。

除此之外，温峤有意识地结交王敦唯一的亲信钱凤，并经常对钱凤说："先生才华、能力过人，经纶满腹，当世无双。"

因为温峤在当时一向被人认为有识才看相的本事，因而钱凤听了赞扬心里十分受用，和温峤的交情日渐加深，同时常常在王敦面前说温峤的好话。透过这一层关系，王敦对温峤的戒心渐渐解除，甚至引为心腹。

不久，丹阳尹辞官出缺，温峤便对王敦进言："丹阳之地，对京都犹如人之咽喉，必须有才识相当的人去担任才行，如果所用非人，恐怕难以胜任，请你三思而行。"

王敦深以为然，就请他谈自己的意见。温峤诚恳答道："我认为没有人能比钱凤先生更合适的了。"

王敦又以同样的问题问钱凤,因为温峤推荐了钱凤,碍于面子,钱凤便说:"我看还是派温峤去最适宜。"

这正是温峤暗中打的小算盘,果然如愿。王敦便推荐温峤任丹阳尹,并派他就近暗察朝廷中的动静,随时报告。

温峤接到派令后,马上就做了一个小动作。原来他担心自己一旦离开,钱凤会立刻在王敦面前进谗言而使王敦再召回自己,便在王敦为他饯别的宴会上假装喝醉了酒,歪歪倒倒地向在座同僚敬酒,敬到钱凤时,钱凤未及起身,温峤便以笏(朝板)击钱凤束发的巾坠,不高兴地说:"你钱凤算什么东西,我好意敬酒你却敢不饮。"

钱凤没料到温峤一向和自己亲密,竟会突然当众羞辱自己,一时间神色愕然,说不出话来。王敦见状,忙出来打圆场,哈哈笑道:"太真醉了,太真醉了。"

钱凤见温峤醉态可掬的样子,又听了王敦的话,也没法发作,只得咽下这口恶气。

温峤临行前,又向王敦告别,苦苦推辞,不愿去赴任,王敦不许。温峤出门后又转回去,痛哭流涕,表示

舍不得离开大将军，请他任命别人。

王敦大为感动，只得好言劝慰，并且请温峤勉为其难。温峤出去后，又一次返回，还是不愿上路。王敦没办法，只好亲自把他送出门，看着他上车离去。

钱凤受了温峤一顿羞辱，头脑倒是清醒过来，对王敦说："温峤素来和朝廷亲密，又和庾亮有很深的交情，怎会突然转向，其中一定有诈，还是把他追回来，另换别人出任丹阳尹吧。"王敦已被温峤彻底感动了，根本听不进钱凤的话，不高兴地说："你这人气量也太窄了，太真昨天喝醉了酒，得罪了你，你怎么今天就进谗言加害他？"

钱凤有苦难言，也不敢深劝。

温峤安全返回京师后，便把在大将军府中获悉的王敦反叛的计划告诉朝廷，并和庾亮共同谋划讨伐王敦的计划。

王敦这才知道上了温峤的大当，气得暴跳如雷："我居然被这小子给骗了。"

然而，王敦已经鞭长莫及，更无法挽救失败的命运了。

正直品格只有面对正直的人才能使用，在面对小人时一定要收藏起自己的正直秉性，采取更灵活的方法应对，避免使自己的秉性被小人利用。温峤在处理与王敦、钱凤等人的关系中，运用一整套娴熟的处世技巧，不但保护了自己，而且在时机成熟时，主动出击，取得了胜利。

办公室里往往都有小人，并且这些小人很可能隐藏很深。而正直的人总是因为做事坦荡而使自己处于明处。要想提防暗处小人的袭击，就必须学会保护自己。

正直不是愚憨，正直的人也不排斥计谋，甚至也可以采用小人之计，只有采用更高一等的计谋，正直的人才能避免遭受小人的伤害，才能始终保证在职场上的安全。

善良千万不要滥用

一位曾以助人为乐趣的老实人唠叨说："能帮上忙我很快乐，但是我也不想因帮忙而得到不尊重。有次午夜时分，一个陌生的太太说要将她的三个孩子送来我家，且负责上下学、伙食和睡前讲故事，还说是对我放心才给我带。另一回，也是带人家的小孩，小孩的父亲怪我伙食不行，还说我没教孩子英文、珠算、数学！还有一次，人家托我带孩子，说好晚间8点准时到，结果我等到12点还没到！打电话去问，说是'误会'，就不了了之。上班时，会计小姐在做年度结算，托我帮忙，我算得头昏脑胀，那小姐却喝茶快活去了，最后，还怪我算太慢，害她被老板骂。"

凡事都往自己身上揽，唯恐得罪人的结果就是不止加重别人的依赖，也加重了自己的负担，弄得自己不堪重负。"人在河边走，哪有不湿鞋。"你不可能在所有的事情上，让所有的人都满意，如果你总是怕对方不满意，谨小慎微地察言观色，揣摩别人的心思，你迟早会把自己折磨死。

而且，一旦那些别有用心的人摸透了你想面面俱到的弱点，便会软土深掘，得寸进尺地索求，因为他们知道你不会生气，于是你就变成人人看不起、人人都来捏的软柿子。

某公司一个部门里，有一位同事比较胆小怕事，遇事过分忍让，因此，虽然部门的绝大多数同事对他并无恶意，但在不知不觉中总是把他当作一个理所当然地应该牺牲个人利益的人，看电影时他的票被别人拿走，春游时他被分配了看管包的任务……但实际上，他心里非常渴望与别人一样，得到属于自己的那份利益与欢乐。由于他的老实软弱和极度的忍耐，这种情况持续了很久。但终于有一天，他忍无可忍了，一向木讷的他来了个总爆发，原来一场十分精彩的演出又没有他的票。

他脸色铁青，雷霆万钧的发力，激动的声音使所有人都惊

呆了。虽然那场演出的票很少，但是这位同事还是在众目睽睽之下拿走了两张票，摔门而去。大家在惊讶之余似乎也领悟到了什么。但不管怎么说，在后来的日子里，大家对他的态度似乎好多了，再没有人敢未经他的同意便轻易地拿走他的东西了。

因此，善良不可滥用，在别人触犯了自己的利益时，一忍再忍只会助长和纵容别人侵犯你的欲望。

学会抵御暗处的袭击

无论在什么时候，永远不要将自己的底细和盘托出。

传说，上帝创造世间万物之初，猫的本领比老虎大，于是老虎就偷偷拜猫为师。经过一番勤学苦练之后，老虎的本领变得十分了得，成了森林之王。按理说，功成名就的老虎该心满意足了，可是老虎总觉得拜猫为师的事不光彩，怕传出去后受百兽讥笑，于是就起了杀师灭口之心。

有一天，老虎终于向猫下了毒手，穷追猛咬，试图将猫置于死地。情急之下猫一下子跳到了树上，任凭老虎在树下张牙舞爪、咆哮也无可奈何。吓出一身冷汗的猫十分后怕地说："幸亏我留了一手，不然今天就死于逆徒之口了！"

这是一个老掉牙的故事，值得我们注意的是故事蕴含的哲理，随时提醒我们留一手是很有必要的，而且，也是很有好处的。

为什么故事中的猫能逃脱虎口，原因是它没有亮出自己的最后一张底牌,留了上树这一手。为人处世也是这样,应该尽量设法保持自己的神秘感,轻易亮出自己底牌的人让别人按牌来攻,肯定会输掉。即使对方是貌似忠厚的老实人,也不可全抛一片心。

碰上貌似老实的人,人们往往一见如故,把"老底"全都抖给对方,也许会因此成为知心朋友。但在现实中,更多可能的情况是:你把心交给他,他却因此而看扁你,更有甚者会因此打起坏主意,暗算于你。所以,在待人处事中,尤其是对摸不清底细的人,切切做到"逢人只说三分话,未可全抛一片心。"否则,吃亏受伤害的将是你自己。

李厂长出差的时候,在火车上遇见一位"港商",二人一见如故,互换了名片。这位港商举手投足之间都显示出一种贵族气质,这使李厂长对其身份毫不怀疑。恰巧二人的目的地相同,港商又对李厂长的产品非常感兴趣,似有合作意向,李厂长便与之同住一个宾馆,吃饭、出行几乎都在一起。这一天,李厂长与一个客户谈成了一笔生意,取出大笔现金放在包里。午饭后与港商在自己屋里聊天,不久,李厂长起身去卫生间,回来时出了一身冷汗:港商和那个装满钱的皮包都不见了!李厂长赶紧报警,几天后,案子破了,罪犯被抓获后才知道,原来他并不是什么港商,而是一个职业骗子。这让李厂长对自己轻易相信他人、交出自己底牌的做法痛悔不已。

事无不可对人言,是指你做的事要问心无愧,并不是必须向别人宣布。逢人只说三分话,还有七分不必说、不该说,这是一种自我保护和防守。因此,在职场中,任何时候我们都要留一手,不要和盘托出全部真情,并非所有真相皆可讲,冲动是泄露的大门。最实用的知识在于掩饰之中,轻易亮出自己底牌的人往往会成为输家。

别做老好人

今天,仿佛所有的事情都堆到了一块!除了日常工作,再加上一些突发事情,工作都撞在了一起,让林丽感到喘不过气来。但是……"林丽,把这份文件送到市场部。"电话那头,经理有了最新指示。林丽只能放下手头的工作,送文件回来后还没来得及坐下,"林丽,赶紧帮我发个传真",小张说。"还有,回来时顺便帮我带杯咖啡啦。"小田不失时机地说。

林丽皱了皱眉头,虽然嘴上没说什么,但是心里极不爽。作为新人,因刚来,工作还没上手,经常要麻烦同事帮忙,所以只要力所能及,林丽都乐意帮其他同事做事,希望能够更快地融入新的环境中。但是没有想到,不知从何时起,林丽竟成了"人民公仆",同事们有什么事情都习惯差遣她,什么闲杂的工作都叫她去做：这个叫她去复印，那个叫她递文件……

她感到很郁闷！当她端着小田要的咖啡走进办公室时，刚好撞见了经理。经理看了看她，一脸的不快，皱着眉头说："小林，你怎么老是进进出出啊？"林丽哑巴吃黄连，有苦说不出。而小田他们只是抬头看了她一眼，马上低头做忙得不亦乐乎状！当同事们在忙自己的工作时，林丽却放下手头的工作，忙着给他们发传真、端咖啡、送文件这些鸡毛蒜皮的杂务！当同事们得到经理表扬时，她却挨经理的批评！林丽越想越气，感觉眼泪要流下来了。

遇到这样的情况，你是不是很冤枉？为了满足别人的需求，你花费了那么多的时间和精力，却被说成一个在工作中缺少主动能力和主动意识的人，只能在别人的计划中以谦卑的姿态分一杯羹吃。你不禁委屈道：真不公平啊，我这样对他们，竟换不来他们的感激，反而被他们鄙视。事实上，这是很自然的一种质变。当你偶尔帮助别人做一些事务性工作，并一再强调自己分身乏术时，别人觉得你对他的帮助非常难得，因此感激你；而当你经常性地主动帮助别人时，别人反倒不觉稀罕了，也就不感激你了。

你的工作量不停增加，这还都只是小事，只是你辛苦点罢了，最重要的是如果在帮助别人之前没有搞清楚事情的来龙去脉，很可能就会背黑锅，犯错误都说不定。看来"老好人"不好当呀。很可能费力不讨好。

要想打破这种局面，就要敢于说"不"。你不敢说"不"，不敢拒绝的原因，是因为你太在乎对方的反应，你在担心：他（她）因为你的拒绝而愤怒。但事实上，你才是那个感到愤怒和不安的人，因为你违心地答应了别人的要求。要拒绝别人，又不想让人觉得你冷漠无情、自私自利，下面有几种方法，能帮助你找到合适的说辞，大大方方地说"不"。

1."不，但是……"

你的新同事在工作忙得不可开交的时候，想请一天假。你可以说："我想可能不行，但是如果你能在请假的前几天里，用休息时间多做一些工作，我认为你请假会比较恰当。"你拒绝了对方的请求，但你同时找到了改变自己决定的可能性，即如果对方能按你的要求去做，你会同意他（她）的请求。

2."这是为了你好……"

一个刚失业的朋友正在找工作，他听说你所在的公司正在招聘，跃跃欲试。你发现他并不是那份工作的合适人选，但他却说："你能向上级推荐我吗？"你可以说："我觉得那份工作并不适合你，你是一个很有创意的人，但我们公司正在寻找一个数学方面的人才。"你的朋友需要的是诚恳的建议。如果那份工作真的不适合他，你是在帮助他节省时间。

第二章
你以为的退让，并不能解决问题

别 让 好 脾 气 害 了 你

永远不要失去自我

你在老板眼里也许只是过客，没有旧情。无论何时，天下永远要靠自己打拼。再稳固的靠山，也不如自己的聪明和才智。所以，在职场中，任何时候都不要让工作控制了自己，失去自我。

人生总会遇到不顺的情况，很多人处于不利的困境时总期待借助别人的力量改变现状。殊不知，在这个世界上，最可靠的人不是别人，而是你自己。为何总想着依赖别人，而不是依赖自己呢？

美国从事个性分析的专家罗伯特·菲利浦有一次在办公室接待了一个因企业倒闭、负债累累、离开妻女四处为家的流浪者。那人进门打招呼说："我来这儿，是想见见这本书的作者。"说着，他从口袋中拿出一本名为《自信心》的书，那是罗伯特多年前写的。

流浪者说："一定是命运之神在昨天下午把这本书放入我的口袋中的，因为我当时决定跳入密歇根湖了此残生。我已经看破一切，认为人生已经绝望，所有的人，包括上帝在内，已经抛弃了我。但还好，我看到了这本书，它使我产生了新的看法，为我带来了勇气及希望,并支持我度过昨天晚上。我已下定决心,只要我能见到这本书的作者,他一定能协助我再度站起来。现在,我来了,我想知道你能替我这样的人做些什么。"

在他说话的时候,罗伯特从头到脚打量着这位流浪者,发现他眼神茫然、神态紧张。这一切显示,他已经无可救药了,但罗伯特不忍心对他这样说。因此,罗伯特请他坐下,要他把自己的故事完完整整地说出来。

听完流浪者的故事,罗伯特想了想,说:"虽然我没有办法帮助你,但如果你愿意的话,我可以介绍你去见这幢大楼里的一个人,他可以帮助你赚回你损失的钱,并且协助你东山再起。"罗伯特刚说完,流浪者立刻跳了起来,抓住他的手,说道:"看在上天的分上,请带我去见这个人。"

流浪者能提此要求,显示他心中仍然存着一丝希望。所以,罗伯特拉着他的手,引导他来到从事个性分析的心理实验室,和他一起站在一块窗帘之前。罗伯特把窗帘拉开,露出一面高大的镜子,罗伯特指着镜子里的流浪者说:"就是这个人。在这个世界上,只有一个人能够使你东山再起,除非你坐下来,彻底认识这个人——当作你从前并不认识他——否则,你只能跳到密歇根湖里。因为在你对这个人未做充分的认识之前,对于你自己或这个世界来说,你都将是一个没有任何价值的废物。"

流浪者朝着镜子走了几步,用于摸摸他长满胡须的脸,对着镜子里的人从头到脚打量了几分钟,然后后退几步,低下头,哭

泣起来。过了一会儿,罗伯特领他走出电梯间,送他离去。

几天后,罗伯特在街上碰到了这个人。他不再是一个流浪者的形象,他西装革履,步伐轻快有力,头抬得高高的,原来的衰老、不安、紧张已经消失不见。他说,感谢罗伯特先生让他找回了自己,并很快找到了工作。后来,那个人真的东山再起,成为芝加哥的富翁。

人要勇敢地做自己的上帝,因为真正能够主宰自己命运的人就是自己,当你相信自己的力量之后,你的脚步就会变得轻快,你就会离成功越来越近。

从21世纪的竞争来看,社会对人才素质的要求是很高的,除了具备良好的身体素质和智力水平,还必须具备生存意识、竞争意识、科技意识以及创新意识。这就要求我们从现在开始注重对自己各方面能力的培养,只有使自己成为一个全面的、高素质的人,才能在未来的竞争中站稳脚跟,取得成功。

人若失去自我,是一种不幸;人若失去自主,则是人生最大的缺憾。赤橙黄绿青蓝紫,每个人都应该有自己的一片天地和特有的亮丽色彩。你应该果断地、毫无顾忌地向世人展示你的能力、你的风采、你的气度、你的才智。在生活的道路上,必须自己做选择,不要总是踩着别人的脚印走,不要听凭他人摆布,而要勇敢地驾驭自己的命运,调控自己的情感,做自己的主宰,做命运的主人。

善于驾驭自我命运的人,是最幸福的人。只有摆脱了依赖,抛弃了拐杖,具有自信、能够自主的人,才能走向成功。自立自强是走入社会的第一步,是打开成功之门的钥匙,也是纵横职场的法宝。在职场中,上司不喜欢唯唯诺诺的下属,领导不喜欢没有自我、没有主见的员工。相信自己吧,你就是最棒的!

你是谁由你自己决定

每个人都有自己的生活方式,而决定你成为什么样的人的永远只有你自己。一旦人生轨迹被别人左右,你将被这个世界真正遗弃。

有这么一则故事,可以给职场人一些警示和启迪。

有个人想改变自己的命运，于是他跋山涉水历尽艰辛，最后在热带雨林找到一种树木，这种树木能散发一种浓郁的香气，放在水里不像别的树一样浮在水面而是沉到水底。他心想：这一定是价值连城的宝物，就满怀信心地把香木运到市场去卖，可是却无人问津，为此他深感苦恼。

当看到隔壁摊位上的木炭总是很快就能卖完时，他一开始还能坚持自己的判断，但时间最终让他改变了自己的初衷，他决定将这种香木烧成炭来卖。结果很快被一抢而空，他十分高兴，迫不及待地跑回家告诉父亲。父亲听了他的话，却不由得老泪纵横。原来，儿子烧成木炭的香木正是沉香，若是切下一块磨成香粉，其价值超过一车的木炭。

本来完全可以凭借这些"沉香"变成富翁，结果依然没有摆脱原来的生活轨迹，其根源就是自己的"有眼无珠"。所以，你是谁，你会成为什么样的人完全由自己决定。

其实，尘世间的每一个人，都有一些属于自己的"沉香"。但世人往往不懂得它的珍贵，反而对别人手中的木炭羡慕不已，最终只能让世俗的尘埃蒙蔽了自己的双眼。

世界上充满了来自外界的"应该"的命令。社会、家庭和单位，有各种各样的你应该是谁和你应该怎样做的想法。但你身外没有一个人和你一样知道你个人的路线。他们指出的某些"应该"和你的"愿意"相称，但大多数却不能。许多人退回到外部声音指示的外观上安全的路线上去。

然而，可能像你一样，一个有着独立精神的小人物，发现遵从比挑战更有吸引力。走权威走过的路就意味着"非常便利"，选择开辟好的道路是便利的，没有问题和挑战。但是那些接受和按照外在力量的命令去做的人，要以失去他们全部热情为代价——无疑，这是一个注定要失败的交易。

有这么一个故事：

白云守端禅师有一次和他的师父杨岐方会禅师对坐，杨岐问："听说你从前的师父茶陵郁和尚大悟时说了一首偈，你还记得吗？"

"记得，记得。"白云答道，"那首偈是：'我有明珠一颗，久被尘劳关锁，一朝尘尽光生，照破山河星朵。'"语气中免不了有几分得意。

杨岐一听，大笑数声，一言不发地走了。

白云怔在当场，不知道师父为什么笑，心里很愁烦，整天都在思索师父的笑，怎么也找不出原因。

那天晚上,他辗转反侧,怎么也睡不着,第二天实在忍不住了,大清早去问师父为什么笑。

杨岐禅师笑得更开心,对着失眠而眼眶发黑的弟子说:"原来你还比不上一个小丑,小丑不怕人笑,你却怕人笑。"白云听了,豁然开朗。

很多时候我们总会陷入别人对我们的评论之中,别人的语气、眼神、手势……总是会不经意搅乱我们的心,消灭了我们往前迈步的勇气,甚至整天沉迷在白云般的愁烦中不得解脱,白白损失了做个自由快乐的人的权利,每个人都有自己的生活方式,如果你不能为自己做主,那么你注定要被社会遗弃。

人心叵测,给自己的隐私加把锁

职场上,充满着激烈的竞争,如果别人的小辫子被你抓住了,那么,你就有了制服对方的有力武器。同样,如果你的小辫子被别人抓住了,别人就等于有了制服你的砝码。

所以,为了在职场上安全地生存,我们必须给自己的隐私上一把锁,不该说的话不要在职场上随便说。即便你们是铁哥们,是死党,也不要随便把自己的隐私暴露给别人,尤其是关系你命运的隐私更不要说。

姜涛刚入职场时,怀着很单纯的想法,像大学时代对室友们那样无话不说,常将自己的一些经历及想法毫无保留地对同事讲。

姜涛工作不久，就因出色的表现成为部门经理的热门人选。可他曾无意中告诉同事，他的父亲与董事长私交甚好。于是，大家对他的关注集中在他与董事长的私人关系上，而忽视了他的工作能力。最后，董事长为了显示"公平"，任命一个能力和他差不多的职员为部门经理。

如果姜涛保护好自己的隐私，也许就能得到这个升职的机会。同事毕竟是工作伙伴，同时又是竞争伙伴，在与同事的交际中，一定要把握好保护隐私的尺度，自己的秘密不要轻易示人，守住自己的秘密是对自己的一种尊重，是对自己负责的一种行为。秘密只能独享，不能作为礼物送人，再好的朋友，一旦你们的感情破裂，你的秘密将人尽皆知，受到伤害的人不仅是你，还有秘密中牵连到的所有人。

品行不端的人多见缝就钻、有机就乘，你的秘密或许就是他们要钻的空子。防范品行不端的人，首先重在识别，如果识别不

出来，那就尽量管好自己的隐私，千万不要把同事当心理医生。有些同事喜欢打听别人的隐私，对这种人要"有礼有节"，不想说时就礼貌而坚决地说"不"。千万不要把分享隐私当成打造亲密同事关系的途径。适当地保护自己的隐私也是保护自己的前程和交际安全、生活稳定。要知道，世界上的事情没有固定不变的，人与人之间的关系也不例外。今日为朋友、明日成敌人的事例屡见不鲜。你把自己过去的秘密完全告诉别人，一旦感情破裂，对方不仅不为你保密，还会将所知的秘密作为把柄，到时后悔也来不及了。

小心那些"小人"

职场人际关系错综复杂，在强敌如林的竞争者中，不乏冷若冰霜的自私者，但更可怕的是笑里藏刀的"好心人"。这些"好心人"就像是一只"披着羊皮的狼"，往往带着一张友善的面具，很温顺，有着不错的人缘，心里却有着自己的小算盘，甚至在背后干着损人利己的勾当。

乔治·凯利和鲍尔同在爱德尔大酒店餐饮部掌厨。鲍尔在公司人缘极好，他不仅手艺高超，且总是笑脸迎人，待人和气，从来不为小事发脾气，和同事和谐相处，乐于帮助别人。同事对他的评价很高，都称他为"好心的鲍尔"。

一天晚上，乔治·凯利有事找经理。到了经理室门口时，

听到里面有人正在说话，并且依稀有鲍尔的声音，他仔细一听，原来是鲍尔正在向经理说同事的不是，平日里很多小事都被鲍尔添油加醋地告诉经理，像汤姆把餐厅的菜单拿给他做餐馆生意的叔叔，还有玛丽平时工作不认真，经常在工作时间给朋友打电话，并且还说乔治·凯利的坏话，借机抬高他本人。乔治·凯利不由心生厌恶。

从此以后，乔治·凯利对于鲍尔的一举一动、每一个表情、每一句话都充满了厌恶和排斥感，无论他表演得多好，说任何好听的话，乔治·凯利都对他存有戒心。同事也从乔治那里看出些什么，对鲍尔也敬而远之了。

鲍尔的可怕之处在于背后捅刀当面乐，让你找不出谁是使你蒙受不白之冤的幕后黑手，也让你分不清谁是敌，谁是友。"好心人"在工作中面带笑容，表现得特别友好；暗地里，却使出手段造你的谣，拆你的台。这种人，往往容易让你吃了亏还不知道是怎么回事，因为许多人压根儿就不知道这一巴掌正是他打来的。

　　所以，在职场中，为了让自己生存得更安全，在与人相处时，我们不能只注意表象，也不能仅从某事来判断一个人。很多伪善和假象常欺骗我们的眼睛，我们只有擦亮双眼，提高警惕，仔细观察，谨慎处世，才能看清狡猾的"好心人"，在心里增设一道防线，防止他对自己造成伤害。

第三章 真正做自己，不要试图迎合别人

别让好脾气害了你

危机感是个人成长的信号

危机是个人成长的信号。如果安于现状，看不到自己面临的竞争和危机，那么你必定会被未来社会淘汰。一个人应当让自己跟得上时代前进的步伐，要学会和自己比赛，每天都要淘汰掉那个已经落后的自己。如果你不主动去淘汰自己、超越自己，那么你必将被别人超越和淘汰。

新年上班第一天，威廉收到一封公司的辞退信。

尊敬的威廉·怀特先生：

非常遗憾地通知您，经过董事会的讨论，本公司决定与您解除雇佣关系。请速到财务部和人力资源部办理相关手续。

董事会

威廉感到非常困惑，自从他担任公司内华达州的销售副总以来，一直兢兢业业地工作，虽然三年来销售业绩不太理想，但基本上都能保持递增状态，为什么突然就被炒鱿鱼了呢？疑惑的威廉·怀特敲开了总经理办公室的门。

面对威廉的疑惑，总经理告诉他，公司辞退他并非因为去年业绩不理想，而是担心今年的业绩会更糟。公司人力资源部对威廉的评估表明，威廉的工作态度、管理技能都不错，但由于缺乏危机意识，不能及时掌握领域新动态，公司董事会认为他无法应付今年激烈的竞争状况。

职场之中没有永远的红人，在竞争日益激烈的当今职场，不是自己淘汰自己，就是被别人淘汰。我们要主动出击，抓住一切机会提高自己，让自己逐渐强大，否则将会失掉竞争和生存的能力，留给自己的只有蹉跎了岁月的遗憾。

一个主动超越自我、淘汰自我的人一定是一个充满危机感的人，正是这种危机感成为他们不断超越自我的动力。相反，一个骄傲自满的人一定是很少有危机感的人，这样的人只会故步自封，一生也很难有什么作为。

生于忧患,死于安乐

从前,恐龙和蜥蜴共同生活在古老的地球上。

一天,蜥蜴对恐龙说:"天上有颗星星越来越大,很有可能要撞到我们"。恐龙却不以为然,对蜥蜴说:"该来的终究会来,难道你认为凭咱们的力量可以把这颗星星推开吗?"

几年后,那颗越来越大的行星终于撞到地球上,引起了强烈的地震和火山喷发,恐龙们四处奔逃,但最终很快在灾难中死去。而那些蜥蜴,则钻进了自己早已挖掘好的洞穴里,躲过了灾难。

蜥蜴的聪明之处在于,虽然知道自己没有力量阻止灾难的发生,却有力量去挖洞来给自己准备一个避难所。

这虽然只是一个寓言故事,却给每一个职场人士都带来了很好的警示和启迪,故事中的灾难在我们身边也会发生。随着时代的变化和企业的发展,企业对于员工的要求越来越高。职场中,很多人都听说过这样的话,"今天工作不努力,明天努力找工作""脑袋决定钱袋,不换脑袋就换人"。如果不提前为自己的未来做好各种准备,不努力学习新知识,那么,正如故事中的恐龙一样,被淘汰的命运很快就会降临到你的身上——如果你不主动淘汰自己,最后结果就只能是被别人淘汰。

价值是一个变数,也会随着竞争的加剧而"打折"。今天,你可能是一个价值很高的人，但如果你缺乏危机意识，故步自封，满足现状，明天，你的价值就会贬值，面临生存危机。

林东是某集团公司的一名员工，他刚到公司的时候非常努力，很快就在工作中取得了突出的成绩。他聪明能干，年轻好学，很快就成了老板的"红人"。老板非常赏识他，进入公司不到两年，他就被提拔为销售部总经理，工资一下子翻了两倍，还有了自己的专用汽车。

刚当上总经理那阵子，林东还是像以前那样努力勤勉，每一件事情都做得尽善尽美，并且经常抽出时间学习，参加培训，弥补自己知识和经验方面的不足。

时间长了,经常会有朋友对他说:"你犯什么傻啊?你现在已经是经理了,还那么拼命干吗?要学会及时行乐才对啊,再说老板并不会检查你做的每一件事情,你做得再好,他也不知道啊。"

在多次听到别人说他"犯傻"的话后,林东变得"聪明"了,他学会了投机取巧,学会了察言观色和想方设法迎合老板,不把心思放在工作上,也放弃了很多的学习计划。如果他认为某件事情老板要过问,他就会将它做得很好;如果他认为某件事情老板不会过问,他就会把此事应付下,甚至根本就不做。在公司中,也很少见到他加班加点工作的身影了。

终于,在公司的一次中高层领导会议中,老板发现林东隐瞒了工作中的很多问题。在年底业务能力考核时,林东有几项考评成绩也大不如前,失望之余,老板就把林东解聘了。一个本来很有前途的年轻人就因为丧失了危机感,安于现状,而失去了一个事业发展的大好机会。

古人云,生于忧患,死于安乐,一味沉湎于过去的成绩,躺在过去的功劳簿上不思进取,只能让自己停滞不前,很可能像林东那样跌落云端。在动物界中,那些缺少天敌的动物往往体质虚弱,不堪一击;而拥有天敌的动物往往体质强壮,生命力强。危机感不仅是企业和组织常青的基石,同时也是一个人进取心的源泉,是一个人成长发展的重要动力。失去了危机感的个人或组织就会变得安于现状,裹足不前,那么等待他的就只有被淘汰的命运。

守口如瓶，保守职业秘密

俗话说："病从口入，祸从口出。"生活中的很多纠纷都是因为人们说话不慎而引起的。身在职场，我们一定要严格要求自己，要多思慎言，在说每句话之前，一定要仔细思考一番。特别是对公司里的秘密，我们更要做到守口如瓶。

可以说，多思慎言、保守职业秘密是每一位智者的处世妙方。当然，一个人能保守住职业秘密也是一个人忠诚的表现。

而诱惑——无论什么样的诱惑——则是对忠诚最大的陷阱，也是对忠诚最大的考验。面对诱惑，无数人经不住考验而丧失忠诚，昧着良知出卖了一切。其实，当他在出卖一切的时候，他也出卖了自己。

某公司销售部刘经理和董事会发生意见冲突，双方一直未能妥善处理，为此，刘经理耿耿于怀，准备跳槽到另一家竞争对手公司。

刘经理一方面是为了泄私愤，另一方面是为了向未来的"主子"表忠心，想尽一切办法把公司的机密文件和客户电话全部透露给各地经销商，使得市场乱成一团麻，并引发了很多市场纠纷，各地经销商的电话几乎将公司电话打爆。

这还不算，他还打电话给当地工商、税务部门，说公司的账目有问题，虽然最后查证没有问题，但毕竟给公司带来了很大的伤害。

　　刘经理带着满意的"成果"去向竞争对手公司邀功请赏，没想到遭受了一番冷遇。新老板见刘经理如此对待老东家，谁知道他以后会不会如法炮制，对待自己的公司呢？身边有这样的一个人，不就像是埋下了一个随时可以爆炸的定时炸弹吗？自然不敢录用他。

　　让忠诚变质的后果是搬起石头砸自己的脚。这个世界是讲究回报的，你的付出不是竹篮子打水，而是会有更多的回报。付出总有回报，忠诚于别人的同时，你会获得别人对你的忠诚。当你忠诚于你的企业时，你得到的不仅仅是企业对你的更大的信任，有时你的所作所为还会使企图诱惑你的人感受到你的人格力量。

克里丹·斯特是美国一家电子公司很出名的工程师。这家电子公司只是一个小公司，时刻面临着规模较大的比利乎电子公司的压力，处境很艰难。

有一天，比利乎电子公司的技术部经理邀请斯特共进晚餐。在饭桌上，这位经理问斯特："只要你把公司里最新产品的数据资料给我，我会给你很好的回报，怎么样？"

一向温和的斯特一下子就愤怒了："不要再说了！我的公司虽然效益不好，处境艰难，但我绝不会出卖我的良心做这种见不得人的事，我不会答应你的任何要求。"

"好，好，好。"这位经理不但没生气，反而颇为欣赏地拍拍斯特的肩膀，"这事儿当我没说过。来，干杯！"

不久，发生了令斯特很难过的事，他所在的公司因经营不善而破产。斯特失业了，一时又很难找到工作，只好在家里等待机会。没过几天，他突然接到比利乎公司总裁的电话，让他去一趟总裁办公室。

斯特百思不得其解，不知"老对手"公司找他有什么事。他疑惑地来到比利乎公司，出乎意料的是，比利乎公司总裁热情地接待了他，并且拿出一张非常正规的聘书——请斯特去公司做技术部经理。

斯特惊呆了,喃喃地问:"你为什么这样相信我?"

总裁哈哈一笑说:"原来的技术部经理退休了,他向我说起了那件事并特别推荐你。小伙子,你的技术水平是出了名的,你的正直更让我佩服,你是值得我信任的那种人!"

斯特一下子醒悟过来。后来,他凭着自己的技术和管理能力,成了一流的职业经理人。

一个不为诱惑所动,能够经得住考验的人,不仅不会让他失去机会,相反会让他赢得机会。此外,他还能赢得别人对他的尊重。

所以,职场中任何人的忠诚都是可贵的、重要的,坚持自己的忠诚不容易,但是坚持住了忠诚,就是坚持住了你认为人生最宝贵、最值得珍惜的东西。而斯特能够保守职业秘密,正是拥有了人生最宝贵的东西。

职场上,多思慎言是自我保护的良方,守口如瓶、保守职业秘密是让我们安全的处世妙方。"一言不慎身败名裂,一语不慎全军覆没。"如果一个人不能做到对公司的机密守口如瓶,不仅会给公司造成危害,也会给自己的职业生涯笼罩上一层难以抹去的阴影。

"言多必失",为了避免多言招致祸患,我们不妨在自己的嘴上安个哨兵,让自己该说的说,不该说的不说。

千万别找公司里的人诉苦

工作中,每个人都可能遇到坎坷和挫折,这种逆境会使我们产生倾诉孤独与愤懑的欲望。但是,倾诉需要找对场合与对象。公司不是吐苦水的地方,小心你说过的话会让每一个人知道。到时候,你只有一条路可走,那就是走人。

一位刚进公司不久的新人,因为从上司那里受了点窝囊气,找到上司的秘书大诉其苦。没想到当初频频附和他的秘书,一转身就向他的顶头上司打了小报告,造成他与上司之间关系更加恶化。原定3个月后的加薪取消了,眼看和自己一同进公司的新人都有了起色,升职加薪忙得很高兴,自己的气不打一处来。后来,他决定越级向大老板报告,但消息却被大老板的秘书转述给他的顶头上司,他不但没有机会面见大老板,而且再也无法在公司工作下去,只好辞职。

可见,当你还不了解一个公司内部的各种潜在关系之前,不要贸然找人说心事。事实上,你根本就不该跟工作上相关的人吐苦水,包括和你一样受排挤的同事。

客观来讲,每个人在职场中的角色随时都在变动,今天是难兄难弟,明天可能就是竞争对手。当初推心置腹的一番话很可能成为被人利用的把柄。想吐苦水,最好找身边的亲朋好友,以免因为利益冲突,导致说过的话被加油添醋传出去。

当然了,在职场上并不是什么都不能够说,该发表意见时,一定要陈述自己的想法,重要的是要适时发表想法,否则会被误解为居心叵测。口舌是决定职场上人际关系是否成功的关键,一定要谨言慎行。说什么、对谁说、怎么说,都需要认真学习,成功人士就是你的榜样,看看他们是怎么做的很重要。

一般来说,同事之间有几类不能说的事情,你一定要记在心里。

(1) 有关个人隐私的事情,比如夫妻问题、私生活等。这些事情很敏感,很容易在与别人产生冲突时,被对方拿来归罪于个人品质。

(2) 有关公司忌讳的话题,例如公司机密、薪资问题等。对这些重要问题,多数公司明文规定不能外泄。如果你泄露了这些消息,不但在公司里待不下去,很有可能在整个行业也待不下去。

(3) 有关个人与高层主管的恩怨。有恩容易遭嫉,有怨或许会被有关人士拿去炒作,不光伤己还会殃及他人,应该尽量避免提及。如果实在难以避免,也要婉转地说。

如果不小心说了不该说的话,当时以及事后要积极补救。以前面那位新人为例，当初他就应该直接跟顶头上司沟通，当面提出自己的疑问、想法和感觉，不要让老板听到那些经过包装的言论。同时，他应该暗示那位秘书，事情已经跟他的上司谈过，就会避免打小报告的情形再出现。所以，请牢记一句话：吐苦水要吐到圈外去。

不要加入议论人非的群体中

人与人之间的关系是很复杂、很敏感的。特别是在办公室这种场合，几个人在一起就闲聊起来。有时说到某个人时，还会说出一大串的坏话。这时，很多把持不住的人，也会跟着附和说起某人的坏话，其结果可想而知。这种坏话不久便被添油加醋地传到当事人的耳朵里，别人不仅对你有了看法，还有可能以其人之道还治其人之身，说你的坏话或打击报复你。

某公司企划科李某升为科长，同一间办公室坐了几年的同事忽然升迁了高位，对每个人来说都是一个刺激与震动。平日不分高下、暗中竞争的同事成了自己的上司，总让人有那么一点酸酸的感觉。企划科李某的几个同事背后开始嘀咕："哼！他有什么本事，凭什么升他的官？"一百个不服气与嫉妒脱口而出，于是你一句我一句，把李某数落得一无是处。

王新是分配到企划科不久的大学生，见大家说得激动，也毫无顾忌地说了些李某的坏话，如办事拖拉、疑心太重等。可偏有

一个阳奉阴违的同事A，背后说李某的坏话说得比谁都厉害，可一转身就把大家说李某坏话的事告诉给了李某。

李某想：别人对我不满说我的坏话我可以理解，你王新乳臭未干，有什么资格说我？从此对王新很冷淡。王新大学毕业，一身本事得不到重用，还经常受到李某的指责和刁难，成了背后说别人坏话的牺牲品。

在日常生活中，我们不可避免会遇到别人在你面前说某个人的坏话，此时，你千万要端正自己的态度，不要被他的话左右你的思想，更不要跟着别人去说坏话。最好的办法是，当别人在你面前说某个人的坏话时，你不要去插嘴，只是微笑示之。

微微一笑，它既可以表示领略，也可以表示欢迎，还可以表示听不清别人的话。当你不插话，只是微笑不语时，既不抵触、不得罪说坏话的人，也没有参与说坏话，两边都没有得罪，这是比较好的做法。

有人在你面前说别人的坏话，别人爱怎么说就怎么说，你能不听就不听，能走开最好。实在不便走开，你就答非所问，另起话题。比如，有人向你数落某人的不是："这个人什么都好，就是有点好大喜功，拍马屁。"碰到这样的情况，你如果能笑笑就将话题岔开当然是最好了，如果岔不开，你又不加理睬，显然得罪人。这时，你可以挑起新的话题来达到目的。

均衡——三位一体工作法

生活如同一辆承载着你不断奔驰前行的列车，当它顺利前进时，你可以尽情欣赏窗外的美景，享受无穷的乐趣。但是一旦这列列车失去控制，不幸出轨，将会给你的人生带来种种的麻烦与痛苦。

现代社会生活节奏日益加快，生活内容不断变换，让人们不得不紧随节奏转变自己，而无暇顾及生活的方方面面。堆积如山的工作，以及由于竞争而导致的工作不稳定，致使人们犹如泰山压顶，不堪重负。随意而有害的饮食，以及失调的作息规律等不健康的生活方式，往往让人们体力不支，精神萎靡。不和谐的家庭关系，不仅让你在忙碌一天之后得不到爱的温暖，还要耗费最后的一点力气来应对种种的家庭危机……凡此种种，都是导致我们生活失控的原因。

生活的失控不只是令你不快，更是一种不幸，当你的生活失去了控制，你的人生也会因此而陷入被动的局面。为了避免不幸，为了取得人生的主动，必须让生活变得均衡起来，即把事业、家庭、健康三者结合起来，三位一体，不要偏重某一方面，也不要忽略某一方面，这样才能达到完美的人生。

有些人错误地认为，要想事业获得成功，就必须付出家庭的代价；要想家庭和谐美满，就必须付出事业的代价。其实，事业和家庭就像是人的两条腿，两条腿走路才能走得稳，走得远。工作出色可以为家庭提供更好的经济保障；家庭幸福也可以为工作提供"后勤"保障。不要因为专心于事业而忽视家庭，也不要因为操持家庭而放弃事业。事业与家庭虽然有时候会有冲突，但并不矛盾，处理得当就会相得益彰。平衡家庭与事业，做事业与家庭的双赢家，才能收获真正的幸福。

当然，平衡事业和家庭不是一件容易的事，既需要你的聪明智慧，还需要你的坚持不懈。你应当合理安排自己的时间和精力，在保证完成工作的同时，经常和家人沟通以寻求相互理解。你也应当把自己的烦恼和开心与家人分享，让他们觉得家庭是一个团队，有福同享，有难同当。不要有这样的心理误区：为了不给家人增添负担而独自承担一切。你这样想，这样做，结果只会在你和家人之间竖起一道厚厚的墙。

你既要明白家庭与事业彼此相连，又要分清事业是事业，家庭是家庭。不能因为家庭出现了一些问题就影响工作的情绪，也不能把在公司受的气、窝的火全发泄到家人身上。不要把大量的工作任务带回家苦干，也不要在周末固执地待在公司加班而不带爱人和孩子出去玩。

另外，在工作与健康之间也要达到一种平衡，而不能一味沉迷于工作忽略了健康。在竞争十分激烈的当代社会，人们的疲劳感正在蔓延，最流行的问候语由十年前的"吃了吗"变成了如今的"吃力吗"，不少35～50岁的社会精英每天都在为幸福美好的生活打拼，却不知一种名叫"过劳死"的疾病正向自己袭来。

人体就像"弹簧"，劳累就是"外力"。弹簧发生永久变形有两个条件：外力超过弹性限度和作用时间过长。当劳累超过极限或持续时间过长时，身体这个弹簧就会产生永久变形，势必老化、衰竭、死亡。只有劳逸交替才能保持弹性，提高承受力，保持旺盛的生命力。所以，我们都要学会调节生活，短期旅游、游览名胜、爬山远眺、开阔视野，呼吸新鲜空气，增加精神活力。

忙里偷闲听听音乐、跳跳舞、唱唱歌，都是解除疲劳，让紧张的神经得到松弛的有效方法，也是防止疲劳症的精神良药。

总之，你的生活状态完全取决你对生活的有效掌控，当你的生活处于一种平衡、和谐与高效状态之时，你就会享受到更多的生活快乐，你的生命也会更加充满色彩和意义！当然，平衡的维持需要你不断地努力，任何时候都不能掉以轻心。你要常常问自己：是否忘记了家人的生日？有多久没有和家人一起看电视剧了？你也要常常反省：是不是沉溺于小家庭的甜蜜而遗忘了事业？有没有让家庭成为事业的绊脚石？另外，你的健康是否出现了某些征兆，是否应该为健康投入一些时间……平衡的过程永不停歇，你的努力也应永不停止。只要你的生活处于均衡之中，也就永远不会失控。

掌控了时间，就掌控了生活

美国著名的思想家本杰明·富兰克林曾经说过："你珍惜生命吗？那么就请珍惜时间吧，因为生命是由时间累积起来的。"这句话告诉了我们时间对于生命的价值。其实，要想真正地珍惜时间，并不是让自己一味处于忙碌之中，而是要有效地运用时间。那么，如何才能有效地运用时间呢？首先就要有效地掌控时间。

掌控时间，就像人掌控自己的肢体一样，能了如指掌、控制自如，而且对时间的分配有绝对的主动权。在这里，并不是要求你成为一个时间的管理者。所要强调的是"有效",而不是片面强调"效率"。因为有这么三种人是不会受人欢迎的:一是过度重视计划表的人;二是工作过度的人;三是被时间捉弄的人。

过于重视计划表的人,往往不根据实际情况,只忙于制订工作计划表。有时候为完成一项工作,做计划的时间甚至比工作的时间还要长。例如委托他们完成一项工作,他们都要反复斟酌事情的可行性,仔细地研究每个细节,并制订出非常详细的计划表。在工作之前,他们的注意力都集中在制订计划上,而不管工作的实际进展如何。所以,当事情有了变化时,他们往往还沉浸于美妙的计划梦境中。

工作过度的人,每天都看到他们忙碌的身影,却不知道他们到底在忙什么,完成了什么。有时他们会以工作忙碌为由,而任意指派别人。当你为他们提供一些节省时间的方法时,他们也会推脱太忙,没时间听。这类人工作时往往没有方向,只是一个劲儿地蛮干,没有片刻的休息。他们的作为不但不利于自己,还很容易惹人嫌恶。

被时间捉弄的人是最可悲的。他们往往十分守时,为了争取时间,凡事都急急忙忙,也不允许别人有片刻的休息。他们可能为了节省时间而改吃速食,也可能因为浪费了一分钟时间而大发雷霆。

我们都知道,脑力劳动和体力劳动统称为劳动。既然是劳动,就必须强调有张有弛,有劳有逸。俗话说:过犹不及,物极必反。弓拉得过满，弦必断。人的身体，长期处于过分紧张的状态，必然有害于健康，严重者还会导致英年早逝。

杜勃罗留波夫是俄国著名的文艺理论家，是一位才华横溢而且又十分勤奋的学者。在他很小的时候，他就暗下决心，立志成才。他在少年时代最渴望的事情就是能够读遍天下所有的书籍。他曾在一篇文章中这么写道：

啊！我是多么希望拥有这样的才能，在一天之中把这个图书馆的书都读完。啊！我是多么希望具有非凡的记忆力，使一切我读过的东西，终生都不遗忘。啊！我是多么希望拥有这样的财富，能够替自己买下世界上所有的书籍。啊！我是多么希望赋有这样巨大的智慧，能把书本中所写的一切东西都传给别人。啊！我是多么希望自己也能变得这样聪明，使我也能写出同样的作品……

确实，杜勃罗留波夫是一个非常有毅力的人，他不只是这样想的，也是这样做的，他读书真是到了分秒必争的忘我境地。同样是13岁，也许别人正蹲在地上玩五子棋，杜勃罗留波夫却在一年里就读了410种书。他在20~25岁期间一共写了100多篇内容丰富而且深刻，战斗性、艺术性都很强的论文。

遗憾的是，由于长期过度的体力和脑力消耗，年轻的杜勃罗留波夫，还没来得及实现更大的愿望，在仅仅25岁时就英年早逝了。

试想，如果杜勃罗留波夫能够合理安排自己的时间，在学习、写作和生活中只要稍稍注意劳逸结合，在勤奋学习、写作的同时,注意必要的休息和坚持适当锻炼,那么,他生命的辉煌篇章就不会很快画上句号,他对人类的贡献也一定会超越现在。

有位名人曾经说过:不懂得休息的人就不懂得学习和工作。为了避免沦为时间的奴隶,为了使学习、工作能够在紧张而有节奏的氛围下顺利进行,为了避免或减少时间与精力方面的不必要的消耗,管理者应该科学地安排自己每一天的时间,保证每天除学习或工作外,都有必要的睡眠、活动、休息的时间。其实这样做的目的正是为了更好地学习和工作。

因此,要想有效地掌控时间,就必须先放松自己,不让自己被时间约束。这样,才能使自己在善用时间的过程中,争得主动权,成为时间的主人。

和谐工作,才能拥有和谐生活

工作中很努力的人大致可以分为这样两类:一类是能够很好地平衡自己的工作和生活,工作效率高,同时生活也很轻松、很幸福的人，这样的人可以长久地保持高效率的工作并且身体也很健康，生活也很完整。还有一种人，他们工作起来不分上下班，即便是下了班回到家，还有堆积如山的工作等着他。这种人是只会工作而不懂得调节和享受生活的人，他们的生活就像是一个上足了发条的闹钟，除发出嘀嗒嘀嗒的单调声音之外，再也没有别的声音。这种人不可能保持长时间高效率的工作，同时也很可能让健康成为自己努力工作的"成本"——他们的工作和生活是不平衡的。

现代社会，如何平衡自己的生活，做到工作和生活兼顾，是每个人都不应该回避的问题。如果可能，读点恐怖小说，在花园中工作，躺在吊床上做做白日梦，都可以提高工作效率。如果你想提高自己的工作效率和幸福指数，可以尝试着少点工作，多点游戏。生活中一定数量的休闲能够增加你的财富，当然，这里主要是指精神上的财富。如果你在休闲上花更多时间，或许你最终也会增加经济收入。

工作之余的兴趣爱好有助于你在工作中有所创新。当你追求休闲生活时，你的精神会从跟工作有关的问题中解脱出来，从而得到休息。很多最有创造性的成就，往往是在走神或胡思乱想中产生的。

一个可以平衡自己的工作和生活的和谐工作者能够享受工作和娱乐，所以他们是最有效率的。如果需要，他们可能会大干一两个星期。然而，如果仅仅是例行公事的工作，他们可能懒得做,并引以为豪。

对于和谐工作者来说,人生的成功并不局限于办公室。要做一个有着平衡生活方式的和谐工作者,就意味着是工作在为你服务,而不是你为工作服务。

生活和工作计划顾问建议,要想有平衡的生活方式,必须满足生活中的6个领域。这6个领域是:智商、身体健康、家庭、社会福利、精神追求和经济状况。

一般来说,每一个执着于工作的人都或多或少地带有工作狂的倾向,工作狂是一种病态的工作方式,下面主要为你详细地分析一下工作狂的病状、诊断依据,以及应对的措施,以有助你优化工作状态,成为一个和谐工作者。

1. 临床症状

工作狂的临床症状主要有以下几种:

(1)对工作的狂热和兴奋程度,超过家庭和其他事情。

(2)工作有时有薪酬,有时没有。

(3)将工作带回家。

(4)最感兴趣的活动和话题是工作。

(5)家人和友人已不再期望你准时出现。

(6)额外工作的理由,是担心无人能够替你完成。

(7)不能容忍别人将工作以外的事情排在第一位。

(8)害怕如不努力工作,就会失业或成为失败者。

(9)别人要求你放下手头工作,先做其他事,你会被激怒。

（10）因工作而危害与家人的关系。

2. 处方

工作狂主要是由于工作压力过重或者内心成就动机过强，与个人能力脱节所致。下面专门列举一些处方，帮你摆脱或者避免陷入工作狂。

认识到位：工作不是生活的全部。

时间充裕：让自己从容完成工作。

适当游戏：人非机器，要避免不停工作。

松弛练习：了解自己身体的压力反应（如心跳、头痛、出风疹等），尽量松弛。

向外求援：相信他人，避免孤军作战。

悦纳自己：可以追求完美，但不要为完美所累。

第四章 真正的强者要严格待人待己

别 让 好 脾 气 害 了 你

一万次小心，也可能有一次不小心

在任何时候，那些看似容易、充满诱惑的事情都应小心，或许你的不注意会让你掉进陷阱。

生意人大都崇尚以诚经营，以信取誉。相信"一勤天下无难事，百忍堂中有太和"的策略。不因贪图小便宜而去坑害顾客，这是经营者应该遵守的原则，没有顾客，就没有自己的前途命运。在同其他生意人做买卖、谈生意的时候也要以诚信为先，不要想处处占别人的便宜，这样才能赢得别人的信任和支持，有助于你事业的发展。

但是，毕竟人心隔肚皮，知人知面不知心。别人的想法你不可能尽知，何况手有五指参差，人也良莠不齐，有些人就专拣别人的弱点进攻以获取不义之财，这种人比窃贼更心狠手黑，更难于提防。一旦被他们抓住机会，你就会面临灭顶之灾。所以与他人做生意，定要谨慎小心，洞悉对方底细之前，切不可推心置腹。职场运筹时更要注意这种情况，要学着适当地做些掩饰，这样才能保全你达到不败之境地。

一般人经常会在他不甚了解的事务上栽跟头。既然有所谓的心理战术，就会有被打败的人。

玛丽在超市买东西时，有人发单子，说是可以免费做美容。"免费吗？"在凡事按质论价的今天，她不由得心生疑窦。"真的是不要钱的！"发单子的小姐信誓旦旦。回公司与同事说起，同事大叫：你可一定要意志坚定，否则就会花很多钱。

几天以后，当玛丽躺在这家美容店的美容床上时，玛丽真正体会到了同事所说的"意志坚定"。小姐的手刚在玛丽的脸上开始游走，她那温软的话语就在玛丽的耳边响起："小姐，你的皮肤好细腻，只是有点暗，平时护理做得少吧。只要保养得好，看上去能比实际年龄小很多呢。"玛丽知道，这只是铺垫，主题快到了。

果然，"我们这里的产品特别好，跟强生公司产品一样的配方，之所以没有知名度，是因为我们不做广告。我们把做广告的钱全部用在免费为顾客做美容上。买了我们的产品，以后就可以享受免费美容……"小姐喋喋不休地说着她们的产品如何神奇，大有语不惊人死不休之势。玛丽的同事便是忍受不住她们的絮叨而买下一整套产品，出门之后便恨自己心太软。前车之鉴，焉能不吸取？玛丽闭目不语，似乎昏昏欲睡，其实心中却在思谋脱身的对策，吃人的嘴软，总得给自己找一个体面的借口吧。

美容本是一种享受，然而此时玛丽却完全没有平时的轻松惬意。天下真是没有不要钱的享受啊。美容做完了，小姐端出了一大堆瓶瓶罐罐，然后以将一根稻草说成金条的精神充当产品推销员。玛丽装出很有诚意的样子听着，末了，认真地对她说："我觉得很好，很想买一套，只是我没带这么多钱。"心想没钱你总不能让人买吧？孰料——"没关系，你放一点押金，我帮你留着，我们这产品很俏的呢。"一计不成，又生一计："我怕皮肤不适应，如果不合适再来退那多麻烦啊！"小姐的脸色显得有些不耐烦，玛丽也狗急跳墙："我不买可不可以？"小姐悻悻地走了。玛丽这才体会到，其实撕破脸亦有撕破脸的好处。

终于没有花一分钱，没准这是消费者在与商家的较量中取得的唯一胜利。

俗话说："拿人的手短，吃人的嘴软。"许多不遵守职业道德的推销员就利用人们的这一心理弱点，死缠不放地推销自己的产品。对所有免费产品，都需要提高警惕。

突然出现的阔朋友未必真关心你

有的人为了达到不可告人的目的，必须借助他人的违法行为来进行，或拉人下水，或逼迫他人就范。为自己的非法目的服务的最好手段就是"交朋友"。

某研究所研制出一项新成果，在国际上处于领先地位，并能创造出巨大的经济效益。这一信息被某国一家大公司得知，他们非常迫切希望得到这项技术，于是派出了工业间谍李刚。李刚利用合法的身份做掩护，绞尽脑汁寻找机会。最后，他把目光放到

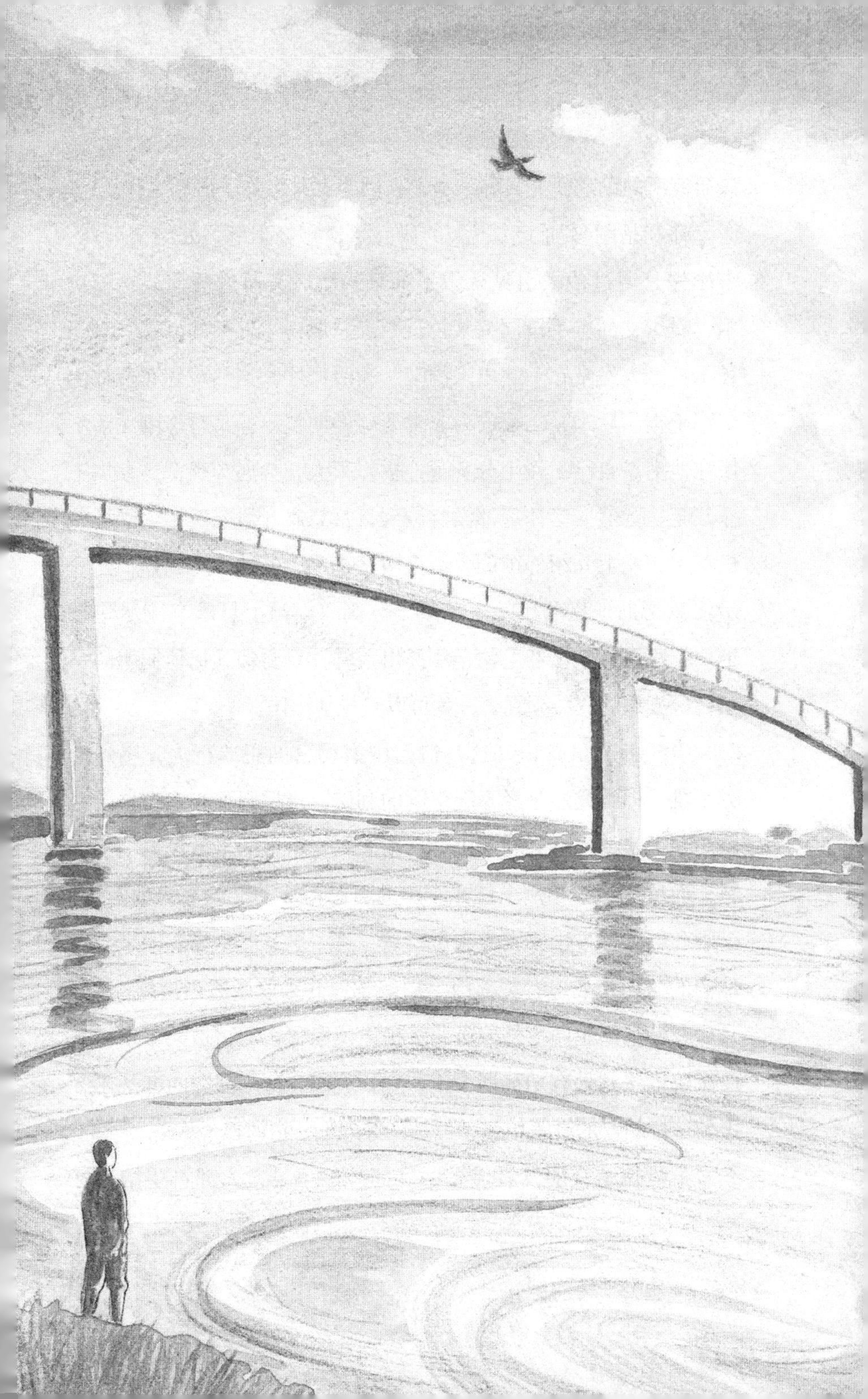

该研究所的助理研究员韩某身上，因为韩某参加了研制工作。

韩某是刚参加工作不久的研究生，年轻干练，好结交朋友。李刚先是通过他人引见认识了韩某，然后又通过请韩某吃饭玩乐、赠送礼品等手段同韩某拉近距离，取得了韩某的好感。时间长了，二人经常在一起出入酒吧、高级舞厅，当然一切花费都由李刚承担。后来，二人成为非常要好的朋友。韩某对李刚无话不谈，他抱怨自己工作十分辛苦，贡献很大，待遇却很低，参加工作几年，竟然一套住房都没有分到，很想离开研究所。李刚见有机可乘，马上介绍外国的生活有多么幸福，条件有多么好，并表示愿意帮助他摆脱困境。韩某十分高兴，马上恳求李刚尽快帮忙。李刚见韩某已经上钩，便提出条件，只要韩某把他们所的一项科研成果的资料弄到手，就可以安排他出国。

当时韩某虽意识到这是泄露国家秘密的犯罪行为，感到十分为难，但终究还是经不起李刚的利诱，最后狠下心盗窃科研资料。一天晚上，韩某利用机会，用李刚交给他的摄像机偷拍了资料，而后交给了李刚。就在李刚为自己的成功感到高兴的时候，李刚和韩某都被国家安全人员"请"进了国家安全局。原来，对他们的密切来往，有关部门早已察觉，并采取了适当措施。3个月后，韩某因犯向境外人员非法提供国家秘密罪，被某市中级人民法院依法判处有期徒刑5年。直到这时，身陷囹圄的韩某才意识到这位朋友的真正用意，可是，等到他醒悟时已经太晚了。

不能把结交朋友看成是一件简单的事。人人都希望结交好朋友，但这只是愿望，需要你在结交朋友时认真观察，切不可粗心大意，这不是对朋友的不信任，相反，这是一种十分负责的行为。不然的话，也许因为你一时不慎结交了坏朋友而造成终身遗憾，而且一旦造成不良后果，则是无论如何也挽救不回来的。像故事中的韩某就是误会了李刚对他的"友情"，对李刚出手阔气十分羡慕，因此，才放弃自己的职业原则去换取所谓"美好的生活"，最后身陷囹圄，让他追悔莫及。

在现实生活中，任何人都要和他人进行各种各样的交往，在交往之中就不可避免地有亲疏远近之分。来往频繁，相互感情比一般人亲近，互相帮助较多的人就有可能发展为朋友关系。由于

人们的兴趣、爱好各不相同，所以朋友有许多种类型。正所谓"人上一百，形形色色"。人人都希望能够交到知心朋友，知心是重要的，你知道我的思想，我知道你的想法，互相关心、共同进步，这是知心朋友交往的主要内容。但是，所谓的知心朋友，他还必须是善良、坦荡、无私的，如果所结交之人品行不端，即使他对你再好也是不能交往的。

随着市场经济的不断发展，人们在各方面的交往也变得十分频繁、复杂，在结交朋友的数量、质量等方面你也要慎之又慎。

在结交朋友时，你必须知道：你为什么要结交朋友？需要结交什么样的朋友？如何选择朋友？在结交朋友的过程中必须注意哪些问题？只有这样，你才能保证结交的朋友对你会有所帮助，不至于因择友不慎而招致麻烦和灾难。

小人离间会让你死得不明不白

不管你武功盖世，抑或是仁服众人，面对小人的离间之计，都要小心应对，不是因为小人有多厉害，而是因为他往往待在最有威胁的人身边。

挑拨关系通常是伴随着利益冲突而实施的，而离间者往往又是被离间者发生矛盾后的直接或间接受益者。

爱挑拨关系的人总是用这种小伎俩达到目的，而不是公平竞争。

战国时，楚昭王即位，以囊瓦为相国，与庒宛、鄢将师、费无忌同执国政。

是年，庒宛出征吴国，大获全胜，俘获兵甲无数。昭王大喜，将所获兵甲赐一半给他，每事必和他商量，因此宠幸无比。

费无忌心生妒忌，和鄢将师一起设计陷害他。费无忌对囊瓦说："庒宛有意请客，托我来转报，不知相国肯降临否？"

囊瓦立即回答："既然相请，哪有不赴之理？"

费无忌又去对庒宛说："相国早有意在贵府饮杯酒，大家快乐一下，不知你肯做东否？现托我来问一问。"

庒宛不知是计，答应说："我是他的下属，难得相国看得起我，真是荣幸之至！明天好了，我当设宴恭候，请你先去报告！"

费无忌又问："既然相国要来，你准备送他什么礼物？"

"你倒提醒我了，"庒宛说，"也不知相国喜欢什么？"

"据我所知，唔——"费无忌故意停顿了一下才说，"他身为相国，女子财帛不稀罕了。唯有坚甲利兵，他最感兴趣，平日也对我暗示过，他很羡慕你分得的一半吴国兵甲，要来你家赴宴，无非是想参观一下你的战利品罢了！"

庒宛信以为真，果然准备好兵甲，并依费无忌所言放在门内，想给相国以惊喜。

第二天，就在囊瓦准备动身启程去赴宴时，费无忌对他说庒宛有杀机，相国将信将疑，但还是对费无忌说："好！你先去看看吧！"

费无忌出去在街上胡乱转了个圈,踉踉跄跄地跑了回来,一撞一跌的,喘息未定,气急败坏地说:"几乎误事!我已探听明白了,痖宛这次请客,欲置相国于死地。我见他门内暗藏甲兵,杀气腾腾的,相国若前去,一定中他的计。"

囊瓦一听,心里犹豫起来,说:"我和痖宛平日并无过节,他断不会这样。"

费无忌侃侃而谈,渐渐把囊瓦的思绪打乱了,但囊瓦还是不大相信,便另派心腹去痖宛家里打探个明白。

那心腹回来报告,说是确有其事,门内果然伏有甲兵。囊瓦听后雷霆大发，立即叫人去请鄢将师，告诉他这件事，并问他如何处置。

鄢将师早已与费无忌串通好，遂添油加醋地说："郤宛想造反，并非一天了，他和城内三家大族伙同一党，正想谋夺国政，还幸今日发觉得早，再迟就后悔莫及了。"

"真可怒也！"囊瓦把桌案一拍，"我非宰了他不可！"

当即奏请楚王，命鄢将师围了郤宛的家。郤宛这才知道自己中了费无忌的奸计，欲哭无泪，含冤莫辩，遂长叹一声，拔剑自刎。

在与他人发生冲突和矛盾时，一定要冷静分析矛盾的缘由，警惕离间小人乘虚而入，要以大局为重，采取息事宁人的态度，尽快理清思路，消除矛盾。

人世间，绝大多数人是真诚和善良的，但也确有一些虚伪和刁滑的丑类。那种为了个人的私利而在同事之间施用离间之术，借以挑拨离间彼此团结的龌龊之辈，就是这些无耻丑类的一种。

在日本历史上，身为摄政大臣的丰臣秀吉，其权势达到了登峰造极、不可一世的地步。有一天，他听说松蘑获得了好收成，一时心血来潮突然提出要去亲自采摘松蘑。家臣们听后，甚是为难，因为时令早已过，松蘑早被采光了。怎么办呢？家臣想了个主意：头一天晚上，他们在一片地里到处插上松蘑。第二天，秀吉来采，一看松蘑满地，赞叹道："太好了！多么令人陶醉的一片松蘑啊！"这时，有个投机钻营的家臣悄悄向他告密："殿下，他们骗你哪！那些松蘑是昨天夜里才插上的⋯⋯"周围的家臣一看有人告密，顿时吓得面色苍白，魂不附体。他们知道，秀吉这个人对不忠诚的人向来是严惩不贷，有时还会动用酷刑、杀头。可是这回，秀吉却转身对大家笑着说："刚才，我已经看出了这片松蘑长得奇怪，可这是大家为了满足我的愿望而表示的一片心意。看到好久没有看到的松蘑，勾起了我对往昔农村生活的怀念，我很高兴！为了表示我的谢意，这些松蘑大家拿去品尝吧！"

秀吉是明智之人，他没有被挑拨者左右，反而领受了大家的善意及良苦用心。爱挑拨关系的人总是特别善于见缝插针，恨不得早一点置别人于死地。

爱挑拨关系的人，为了达到某种目的，甚至会造谣生事，态度阴险而卑鄙。

他们往往利用人们的轻信和多疑达到他们的企图。

某玩具公司总裁一日突然卧病不起，一连几天没来上班。正赶上这个时期公司的经营状况相当糟糕，有些心怀叵测的人乘机造谣说：公司由于经营不善，已经面临倒闭破产的危险，总裁都不想干了，他要辞职。这个谣言使得员工人心浮动，纷纷外出另谋出路，销售与生产因此急剧下降。公司一位副总裁召开了全公司大会，向员工们介绍了总裁的病情、公司的收支情况，但是员工们仍是将信将疑。

这时，另一位颇富公关经验的副总裁出面了，他立即把员工心目中的"领袖"人物找来，首先听取了他们的想法，然后组织他们去医院了解总裁病情，再请他们审阅公司各种经营生产报表。

"耳听为虚，眼见为实"，如此坦诚的行动，折服了员工心目中的"领袖"。不久，谣言便平息下去了，从而挫败了那些企图借此搞垮公司的人的阴谋。

观其行，察其言，才敢与君交

对你和颜悦色、笑脸相迎的人未必有心对你好，俗语说"会咬人的狗从不叫"。

办公室里的人际关系错综复杂，没有一双"慧眼"是不可能很好生存的。在强敌如林的竞争者中，不乏冷若冰霜的自私者、趾高气扬的傲慢者，但更可怕的是笑里藏刀的"好心人"。

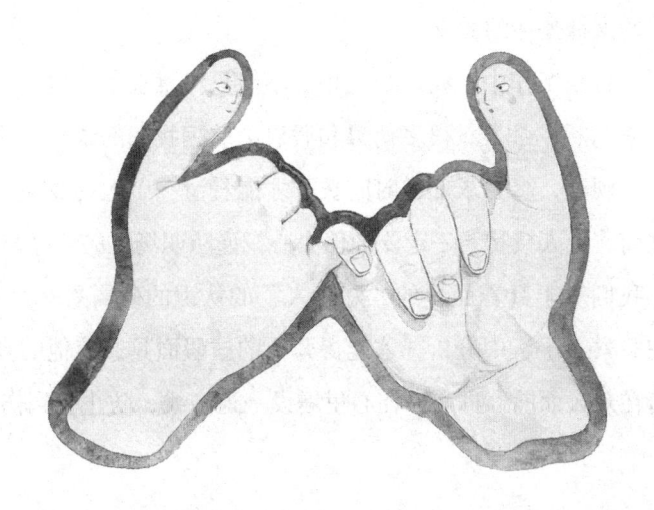

这些好心人往往有着不错的人缘,很好的口碑,能够在各种大事小情里发现他们的身影,他们往往口蜜腹剑,戴着友善的面具,赢得上司的信赖和同事的敬重,却在背后干着损人利己的勾当。他的可怕之处在于让你找不出谁是使你蒙受不白之冤的幕后黑手,谁让你置身于不仁不义的两难境地,分不清谁是敌、谁是友。因此,只有擦亮双眼,提高警惕,仔细观察,谨慎处世,无论多么狡猾的"好心人",终有一天会露出尾巴,现出原形的。

对于在办公室丛林中生存的雇员们而言,职场的游戏规则告诉我们:这里没有无缘无故的爱,也没有无缘无故的恨。当我们被别人的花言巧语、阿谀奉承蛊惑时,千万要保持清醒的头脑和提高我们对事情的分析识别能力,并不是每一个对你横眉冷对、不温不火的人都是你的敌人,也并不是所有对你热情周到、称兄道弟的人都是你的朋友。

在日常工作中,我们与人相处不能只注意表象,也不能仅从某事来判断一个人。很多伪善和假象常欺骗我们的眼睛,我们只有仔细观察,多方求证,时间长了才能看清一个人的真面目。在此之前,待人接物,一定要加倍小心,谨防职场上的"好心人"。

我们对于戴着面具的"好心人"的认识的确需要一个过程。要在观察、了解中分析,才能揭开他的虚假面具,使他的真面目暴露在众人面前。进而,在心里增设一道防线,防止受到伤害。

是非的浑水蹚不得

同事、上下级之间的是非最好离自己远一些，不然，常在河边走，难免不湿鞋。

在职场上，同事之间存在竞争关系。追求工作成绩和报酬，希望赢得上司的好感，获得升迁，以及其他种种利害冲突，使得同事之间不可避免地存在着一种紧张的竞争关系。而这种竞争往往又不是一种单纯的真刀实枪的实力的较量，而是掺杂了个人感情、好恶、与上司的关系等十分复杂的因素。

例如，两位经理斗法，你是中间人物，应该如何应付呢？

最大的可能性是，两人都希望拉拢你，却又不能太露骨，在言词上表达，或在工作上给你甜头，聪明的你当然明白其用意。但同时，你不可能一直置身事外，必然要表明立场，否则会被视

为两面派，那就更不妙了。

同事之间的纷争包括各种各样鸡毛蒜皮的事情，各人的性格优点和缺点也暴露得比较明显。每个人行为上的缺点和性格上的弱点暴露得多了，就会出现各种各样的瓜葛、冲突。这种瓜葛和冲突有些是表面的，有些是背地里的；有些是公开的，有些是隐蔽的。种种的不愉快交织在一起，便会产生各种矛盾。

同事之间传播流言蜚语，是带有很大危害性的，它能蒙蔽一些人，导致人们做出错误的判断和决定，甚至会影响前途。

有位女孩叫洁。有一天，她受到上司王科长的热情邀请，一同前往公司附近的咖啡厅里喝咖啡。

他们坐在咖啡厅里，一边喝咖啡，一边天南海北地闲聊起来，不知不觉，话题开始扯到了洁的同事李小姐。

"啊，李小姐吗？她好漂亮啊！经常穿着时髦的衣服，真叫人羡慕啊。"

"那是当然，因为李小姐领的是高薪！"王科长突然道出原委。

原来，这家公司采取的是年薪制，每个员工的年薪是根据个人的工作表现确定的。这点洁自然也清楚，但她一直认为同事间的差别不应该太大，现在突然从王科长口里听说李小姐的工资很高，自然心里不太舒服。她问道："真会差那么多吗？"

"是呀，比你的年薪多上万元呢！"王科长说得更具体了。

第二天，洁便把这件事告诉了她的同事们，大家听了当然不服气，于是，就一起开始嘲笑"高工资"的李小姐，甚至不同她来往，孤立她。这样，李小姐不得已只好辞去了工作。

事实上，李小姐的年薪与洁相差并不大，只是因为她曾经向科长提过意见，以致科长怀恨在心，所以就想出了这么一个诡计，借洁小姐的嘴孤立李小姐，最后将她逼走。

等到洁知道事情的真相后，为时已太晚，因为自己已被人家利用，当枪使了。不仅如此，洁还得了一个喜欢散布流言蜚语的"坏女人"的绰号。

聪明的人，对别人之间的是非恩怨和各种斗争，一定要远远离开。无论对同事还是上司，都应做到不蹚浑水，不急于表态。

热心未必是好心，好心也要防心

有一种人，整天面带笑容，见面客气，表现得特别友好；暗地里，却使出手段造你的谣，拆你的台。这种戴着面具的"好心人"，往往容易让不谙世事的人吃了亏还不知道是怎么回事。此类人看来异常谦卑恭敬，礼貌周到，且热情友善绝不难于相处。可是他们背后做的事你就一无所知了，即使开怀畅饮后他们也难有半点口风露出。这种人，通常在任何时间、场合、处境，面对任何人物，都会笑脸相迎，亲热非常，原因是笑对他来说是一种工

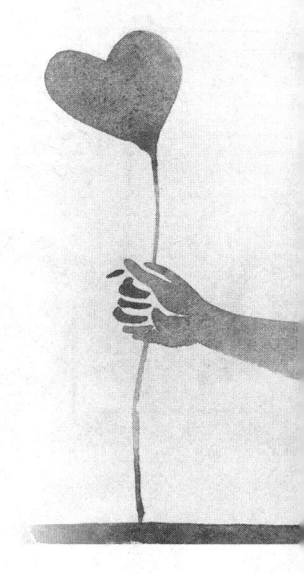

具,一种与人沟通的媒介,一种达到个人目的的手段。

对于这种戴着面具的"好心人",一定要特别当心。这类"好心人"总会主动和你打招呼,有时候还会表现出超常的热情,甚至与你称兄道弟。为了博取你的欢心,他往往还会顺着你的话滔滔不绝地说下去。

不过,当你与他产生利害冲突时,他会不顾一切地去争取他那一份微小的利益。这时候,他的伪善面具自然就会脱落,露出真实的面目。

在日常工作中与人相处时,不能只注意表象,也不能仅从某事来判断一个人。很多伪善和假象常欺骗我们的眼睛,我们只有仔细观察,多方求证,时间长了,才能看清一个人的真面目。在此之前,待人接物,一定要加倍小心,谨防上"好心人"的当。

战国时期的思想家孟子说:"恻隐之心,人皆有之;羞恶之心,人皆有之;恭敬之心,人皆有之;是非之心,人皆有之。"人之本性为善没错,但在利益面前,好心人也未必能做到无动于衷,他们也会因一句"人不为己,天诛地灭"而做出坏心肠之事。

一定要谨记"热心未

必是好心，好心也要防心"的道理，千万不能把这些"笑面虎"当成知己好友，轻易告知自己的心事。否则，不但会惹来对方的轻视，还会成为别人的笑柄。但同时，也不能得罪这类人。如果引起他的反感，他对你的评价就会影响周围人对你的印象，岂不就成了自讨苦吃？

走过同样的路，未必就是同路人

《琵琶行》中白居易的一句"同是天涯沦落人，相逢何必曾相识"名动天下，仿佛他与琵琶女的情感在明白彼此境况相近的那一瞬间，一下子拉近了许多。这就是所谓的"共鸣"，那些曾经有过共同经历的人，更容易互相靠近，也更容易成为朋友。

人所共有的体验愈是特别，愈能让当事人拥有同伴意识。譬如"战友"这个词，对于某个时代或者处于某个特定环境的人而言，是会有他人所不能体会的特殊感情的，只要说一句"我也是某某部队的"，就可让初次见面的对方倍加信任。又如许多人都认为同学的友谊是最真诚的，走出校门踏进社会之后，如果初次见面的人得知彼此是校友、学友，都会产生一种莫名其妙的亲切感，因为昔日美好的校园生活让人不能忘怀，更容易得到认同。

但有心机的人，不会被曾经的"共同"蒙蔽，或许共同的经历可能产生共同的个性，却也并非绝对。毕竟，相同的人生经历不能证明一个人的品质，相反，倒要提防那些用相同经历来与我们套近乎的人。

　　刘成一曾当过兵，退伍后到一家外贸公司工作，凭着自己的勤奋好学，没过几年便成为业务骨干。后来，他辞职创办了一家公司，凭着自己的经验和战场上那种奋勇拼搏的精神，他在商场上证明了自己的价值，拥有几百万元的固定资产。1995年，刘成一的一个老客户（也是一家公司）要搞融资租赁，请求刘成一提供担保。刘成一做事严谨，对生意上的事一向以稳重著称，尽管是老客户，他也按照惯例审查该客户与租赁公司的合同以及该客户的营运状况，审查后觉得并没有什么把握，准备婉言回绝。

　　一天，该客户又派了公司的一名业务主管人员前来商讨此事。初次见面，两个人互相介绍，刘成一得知该人姓赵，赵某忽然说："我觉得你的名字很耳熟，你是不是某某部队的？"刘成一道出了自己曾在某部队当兵，赵某高兴地叫起来："哎呀，你是一班的，我是二班的，我说怎么觉得眼熟呢！"话题一发不可收拾，两人似乎又回到了那炮声隆隆、硝烟弥漫的战场，两人越谈越投机，俨然又恢复了当战士时的豪爽，于是刘成一请客，边吃边聊。

　　渐渐谈起担保的事，赵某向刘成一解释了一些他认为有疑问的地方，并保证该公司的信誉绝对没问题，资金只是暂时周转不过来，绝对不会连累对方的。刘成一正处在兴奋之中，对赵某的话深信不疑，也未做进一步核查，就在担保合同上签了字。其实，赵某所在的公司已经资不抵债，签订这个合同，就是为了骗刘成一公司的钱，根本无法追偿。

刘成一事后悔恨不已，一个"战友"毁了他十几年的苦心经营。

战友本是伟大而崇高的字眼，尤其是经过战火洗礼的战友之情非同一般，应该是始终不渝、终生难忘，是仁义道德的最高表现。不料，赵某竟利用这种战友之情，为刘成一下了套，毁掉了他长久以来的努力与付出，这种人怎能论友情？

由此可见，即使真正一同经历过某些事情的人，也未必都是值得信赖的。如果你以为原来的朋友就永远是朋友，那就错了。当两人的利益没有冲突时，才能成为朋友。没有利益时，很少有人会真正牺牲自己去为你两肋插刀。在特定环境、特定时间保有的某种比较纯洁的关系，一旦特定的环境和条件消失了，纯洁的

友谊就可能永远封存在心中了。

法国批判现实主义作家巴尔扎克说:"没有弄清对方的底细,绝不能掏出你的心来。"经历是财富,不同时段的经历造就不同的财富。即便是有过相同经历的人,也只是拥有某一种共同的财富而已,并不代表整个人生的财富相同。

无论你眼前面对的是一个曾经与自己有过多少共同经历的人,都需留个心眼,毕竟那些共同的过去无法代表现在,也无法代表他的真诚,冷静客观地面对才不至于稀里糊涂地沦为被别人利用的工具。

第五章 保持勇猛,你的人生才能突出重围

——别让好脾气害了你

举手投足间展现你的强势

很多的时候,我们对别人的"第一印象"不是通过言语获得的,而是"以表取人"。这里的"表"指的是别人在无声无息中向你发送出的一些个人信息,比如他的表情、手势、站姿、步伐,等等。很多时候,与口头语言比起来,这些"肢体语言"更能给人深刻的印象,让人看出从语言中无法看出的内容。

成功的人都非常善于控制自己的肢体语言,在人前,这些成功者的一颦一笑都流露出和普通人不一样的风采,让人一看就产生敬意。无论他们的笑还是谈,我们都能从中读出大气与淡定。当然,在现实中也有很多人刻意释放比实际身份更强大的信号,提升自己的形象,这虽具有一定的迷惑性,但也不失为一种提高身价的方法。

眼是一个人心灵的窗户,同样,在所有的神态举止中,眼神有着最强大的力量。一个人如果斜视或者用余光扫视别人,这表明他有轻蔑之意;一个人如果瞳孔适当放大,目光里显示出自信,这说明他比较坚定,并且给人一种稳操胜券的感觉。当然,如果一个领导用眼睛死盯着你,很有可能是你犯了错,很多领导就特别善用眼睛显示自己居高临下的权威。

　　手势是另一种常用的符号,被称为"口语表达的第二语言"。手势不仅能突出你所强调的内容,而且也会使你的内容表达更加丰富。在领导者活动中,领导者如果能以生动形象的有声语言,配上精彩的手势,必能使讲话内容更加精彩,使个人形象更加有魅力。

　　很多时候,领导者适时地运用手势,不仅可以表现出自己的涵养,还能表现出自己的自信和果断。

　　美国南北战争期间,一位议员建议联邦政府放弃在南方各州

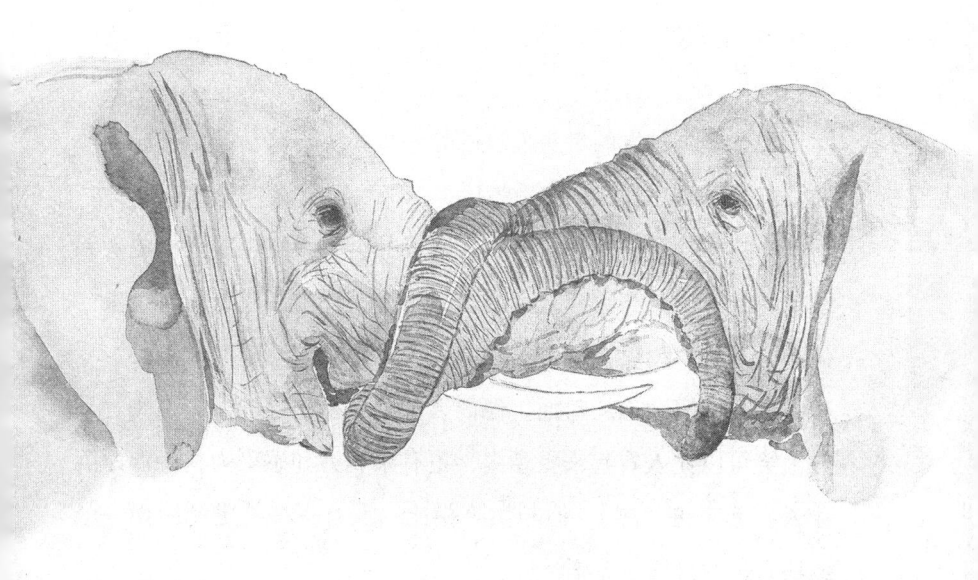

的其他联邦产权。

林肯开始并没有表述自己的意见,而是问这位联邦议员是不是记得狮子和樵夫女儿这个寓言故事,那位议员说不知道。

于是,林肯就把寓言故事讲给他听:有只狮子爱上了一个樵夫的女儿,少女让狮子去找她父亲求婚。狮子向樵夫说出了自己的想法,樵夫说"你的牙齿太长了"。于是,狮子就请医生把自己的牙齿拔掉了。回来后樵夫又说"你的爪子太长了",狮子让医生把爪子也拔掉了。此时,樵夫看到狮子已没了"武器",就用枪把它的脑袋打开了花。

讲完后,林肯接着说:"如果别人让我怎么样我就怎么样,那我会不会和狮子一个下场?"说完这句话,他攥紧拳头,加重语气说道,"我绝不会听任何人摆布!"林肯的拳头震住了在场所有人。

在这里,林肯的拳头显示的是一种坚决与自信,后来成为他的盟友们见面呼应的标志手势!

当然,除了眼神和手势,在现代社会,微笑也成了权威者和领导者的标志。与封建社会的君王不同,严肃和庄重不再是象征强势的符号。相反,现在的权威人士更喜欢以笑脸面对镜头。看看那些企业家杂志的封面,他们大都会选择领导的微笑镜头。虽然大笑可以让人看起来更豪爽、更有亲和力和感染力,玩点深沉让人看起来更"酷",但与微笑相比,没有一种笑更能展现一个成功人士的自信与波澜不惊。

积极进取，"我的位置在高处"

一位成功的体育教练在执教的 20 多年里，培养了 11 位世界冠军。

"你认为一个人要成功，最重要的是什么？"有一天，一位记者问他。

"不安于现状，永远追求新高度。"他说。

"生命不息，奋斗不止，我经常这样教导我的队员。"这位教练说，"他们没有让我失望。"

事实上，整个世界都是竞技场，每一个人从出生那天起，就投入比赛中了。比学习成绩，比工作成果，比事业成就，比家庭幸福……成功的人，总是那些积极进取，不满于现状的人。

黛安妮是美国一家大时装企业的创始人。她 23 岁的时候，从父亲那儿借款三万美元，自己开了一家服装设计公司。同丈夫分居以后，她将自己的公司发展成了一个庞大的时装企业，现在年销售额达 200 万美元。接着，她又办起一家经营化妆品的公司，还同其他公司合伙用她的名字作为商标生产皮鞋、手提包、围巾和其他产品。她只用了 5 年时间就完成了这一切。

这个时装企业的女强人对成功又是怎样解释的呢？她说："如果把生活比作旅程，成功便是在沙漠中来到一片绿洲，你在这里稍事休息，举目四望，欣赏一下这里的景致，呼吸几口清

新的空气,再睡上一个好觉,然后继续前进。我认为成功就是生活,就是能够享受生活的一切——既有欢乐和胜利,也有痛苦和失败。"

戴安妮认为,有一种不断前进的欲望在推动着她。"当我朝着一个目标努力时,这个目标又将我带到一个新的高度,使我踏上了一条通往开辟新生活的道路。我并不是总知道自己在走向何处,前进中会发生各种事情,会出现不同的情况,甚至遇到灾难,但道路也越走越广。我有一个不变的信念,就是:'保持灵活应变的能力,在自己的人生经历中,不放过任何一个成功的机遇。'"

戴安妮事业上的成功取决于她积极进取的精神。满足现状意味着退步,一个人如果从来不为更高的目标做准备的话,那么他永远都不会超越自己,永远只能停留在自己原来的水平上,甚至会倒退。

美国富兰克林人寿保险公司前总经理贝克曾经这样告诫他的

员工:"我敦劝你们要永不满足。这个不满足的含义是指上进心的不满足。这个不满足在世界的历史中已经导致了很多真正的进步和改革。我希望你们绝不要满足。我希望你们永远迫切地感到不仅需要改进和提高你们自己,而且需要改进和提高你们周围的世界。"这样的告诫对于我们每一个专业人士来说,都是必要的。

生活中最悲惨的事情莫过于看到这样的情形:一些雄心勃勃的年轻人满怀希望地开始他们的"职业旅程",却在半路上停了下来,满足于现有的工作状态,然后漫无目的地游荡人生。由于缺乏足够的进取心,他们在工作中没有付出100%的努力,也就很难有任何更好、更具建设性的想法或行动,最终只能做一个拿着中等薪水的普通职员。如果他们的薪水本来就不多,当他们放弃了追求"更好"的愿望时,他们会干得更差。不安于现状、追求完美、精益求精的年轻人,才会成为工作中的赢家。

不思进取的员工不但不能够发展,说不定还会在日益激烈的工作竞争中被淘汰。只有那些能够不断学习,适应企业需要的员工才能够在企业里长久地生存。与自己较劲的员工,就拥有了不懈的动力,凭借这样的动力,才能够不断提升自己,全力以赴将工作做到最好,也为改变自己的命运提供了更多的机会。

因此,不管你在什么行业,不管你有什么样的技能,也不管你目前的薪水多丰厚、职位多高,你仍然应该告诉自己:"要做进取者,我的位置应在更高处。"这里的"位置"是指对自己的工作表现的评价和定位,不仅限于职位或地位。

给自己制定更高的标准

你是否因为在公司里不受重用,而不满意自己的工作?这个时候,你是愤愤地递给老板辞职书,说要辞职不干了,还是做点其他的事呢?

每到这个时候,你是否这样问过自己:为什么我不能得到重视呢?如果你已经超越了自己原本的能力,老板还不重用你,而得不到重用的原因也的确不在你,那么,你再决定辞职,一走了之,不是更有收获吗?你用了别人的装备,做免费学习的材料,就像在一所不错的学校接受教育,却不用付学费一样。

对于老板来说,没有追求的员工只能默默无闻地混下去,当初他没有把你解雇,已经是他的仁慈了;当你痛下苦功、有所成就时,他当然会对你刮目相看、委以重任,晋升、加薪都会纷至沓来。

不追求卓越,不做到最出色,是不会在工作中享有荣誉的。如果你回头来看,就会很惊讶地发现,以前你没有受到重用,是因为你没有全心全意做到出色。实际上,你的老板是很有眼光的,关键看你怎样要求自己,把自己定位在什么水平上。

每个人都有一种突出的才能,各有特色,不尽相同。无论你的特色是什么,你都不要把自己藏起来,你应该积极地把你的才能发掘出来,并发挥得淋漓尽致。

事实上，面对激烈的竞争，你应该不断地超越平庸、追求完美，你需要制定一个高于他人的标准。

尚可的工作表现人人都可以做到，只有不满足于平庸，才能追求最好，才能成为不可或缺的人物。没有人可以做到完美无缺，但是，当你不断增强自己的力量，不断提升自己的能力的时候，你对自己的标准会越来越高，这本身就是一种收获。

没有最好，只有更好。这是一句值得每个人铭记一生的格言。有无数人因为养成了轻视工作、马马虎虎的习惯，以及对手头工作敷衍了事、抱怨不止的态度，终其一生都处于社会底层，不能出类拔萃。

纳迪亚·科马内奇是第一个在奥运会上赢得满分的体操选

手,她在1976年蒙特利尔奥运会上完美无瑕的表现,令全世界为之疯狂。

在接受记者采访的时候,纳迪亚·科马内奇谈到她为自己设定的标准以及如何维持这样的高标准时说:"我总是告诉自己'我能够做得更好',不断驱策自己更上一层楼,告诫自己要拿下奥运金牌,你不能过正常人的生活,要比其他人更努力才行。对我而言,做个正常人意味着必须过得很无聊,一点儿意思也没有。我有自创的人生哲学:'别指望一帆风顺的生命历程,而是应该期盼成为坚强的人。'"

一般人认为还可以接受的水准,对于像纳迪亚·科马内奇这样渴望成功的人而言,却是无法接受的低标准,他们会努力超越其他人的期望。

在这样的追求过程当中,只要不是出类拔萃的表现,都不可能让人获得满足、让人心安理得。

要不断提升自己的标准,希望能够更上一层楼,而且非常注意细节的部分,愿意不断地驱策自己摆脱平庸的桎梏。

能让工作变得完美的人,需要极高的品质。高品质不是从天上掉下来的偶然,这是人们抱持高昂的企图心,诚心诚意的努力,投入心血智慧以及技能后得到的结果。它代表的是众多选择当中的明智抉择,因此,你做出抉择之后,就会倾注全力达到这样的标准。

这时,才能、环境、幸运、遗传以及个性都不那么重要,重要的是你打算凭借着自己的所有达到什么样的境界，怎样达到这样的境界。

做到最出色才最具竞争力

不管是在职场还是球场，一个人要想最具竞争力，就得让自己做到最出色。

什么叫最出色？最出色就是别人无法超越。我们平常说一个人身怀绝技就是说这个人已经把这项技术练得无人能超越了，这就是最出色。

最出色比出色更进一步，他是好了更好，直到让自己无人能敌。而一个人真到了无人能敌的地步，那么他便拥有了最强的竞争力。

乔丹，NBA的巨星，之所以能称得上是巨星，是因为跟别人相比，乔丹在打球方面有自己的绝活。

乔丹在每一场球赛中，都争取发挥出自己的最佳实力，打出最漂亮的球。

他在空中的灵感无穷无尽，在空中的姿态无与伦比，能达到随心所欲的境界。他最为得意的是空中躲闪和滞留技巧。他的对手"魔术师"约翰逊说："乔丹跟你一块儿跳起来，他会把球放在腹下，等你落地了，他再投篮。"这是他的 个绝活。更绝的是，他可以在空中任意改变方向，把防守者引诱到这边来封阻，而他却突然把球转到那一边上篮,把你耍够了之后,他再心满意足地上篮得分。

所以乔丹带给球队的,不仅是无与伦比的球技,更包括他对篮球打法的深入了解。他具有无与伦比的身体控制能力,好像魔术一般,能够变幻出各式各样的过人、控球、投篮技巧,总能在较低的位置运球。他的姿势总是如在弦之箭,一触即发!

只有做到最出色,你才能变得更有实力,才能让自己成为业内的佼佼者。像篮球比赛一样,商业竞争也是如此。许多名列全球500强的企业,一个关键理念,就是:要让自己最具竞争力,就得让自己领先对手半步。

美国邮政服务公司、美国包裹邮递服务公司、爱默里全球邮递公司都曾经问过他们的客户这样一个问题:

"如果我们提供速递服务,你们愿意多付一点费用吗?"

"不愿意!"回答是异口同声的,"我们不愿为快速邮递多付费用。哪怕1美分!"

三家公司都放弃了这一努力,只有美国联邦速递公司的总裁弗雷德·史密斯不相信这一点,他

认为这项革新一定要付诸实施，而且要通过联邦速递公司来证明这一点。

作为全球500强企业的联邦速递公司，始终坚持领先对手一步的理念。公司刚成立时，几乎无法生存下去，正是由于一群有共同梦想的人，坚持为他们的服务建立一种需求欲望，联邦速递公司才能够坚持下来，并不断发展壮大。他们扩展服务项目，将他们在全美及全球的速递时间定为最多两天。他们不仅仅建立了一种市场需求渴望，而且还最先将这种理念引进了市场。它之所以保持了在该行业的唯一性，正是靠迈出第一步并在竞争中领先。

一支球队，只有领先，才能夺得冠军；一个企业，只有领先，才能获得成功；一个员工，只有领先，才能拿到高薪。企业员工要培养这种始终领先对手半步或一步的意识与能力，只有每一个员工都坚持这一理念，每一步都坚持这样做，整个团队和企业才能真正保持业界第一，成为本领域的龙头。

全力以赴，追求最完美

人类最深切的渴望是成为一个重要人物，每个人内心深处都在追求、渴望成功和快乐，都在逃避、拒绝失败和创伤，没有人希望自己是人群中可有可无的小角色。谁都想通过自己的努力，成为才华横溢、受人景仰的人。每个人内心都有一颗不平凡的心在跳动。

然而，要想受人敬仰并不是一件轻而易举的事，它要求你从追求完美开始。

有一天，罗丹的一位崇拜者去拜访罗丹，罗丹走到一座女神像前，对崇拜者说："这是我近期的作品。"

"非常完美！"崇拜者赞叹道。罗丹却毫无反应，只见他正皱着眉头，根本没有听到的样子。"肩部的线条粗了一些。"罗丹自言自语地说，一边说一边拿起刮刀和木刀片轻轻地修改起来，动作非常谨慎，好像他手下是一个有生命的女神，稍有不慎就可能让她受伤似的。好一阵后，罗丹又歪着头审视，"还有这儿……这儿……"他一面自言自语，一面不停地修改，表情像一个孩子，一会儿舒心地笑，一会儿又眉头紧锁。时间一点一点过去了，崇拜者已经站得腰酸背痛了，可他没地方可坐，也不好意思坐下来。

两个多小时过去了，罗丹终于舒了一口气，满意地把杰作欣赏一番，然后盖上湿布，愉快地向门口走去。这时，他发现了他的崇拜者，先是一愣，然后猛地想起是自己带他进来的，立即显得很抱歉，一个劲地说"对不起"。

不用和别人比，就拿这个崇拜者来说吧，他只是站着，什么也没有做，尚且感觉累得受不了，而罗丹站着工作了两个多小时，却丝毫没有倦意。可见，追求完美是一种观念、一种心态，也是一种作为。事实上，每个人都具备追求完美的条件和资源，只要你愿意追求完美并且愿意为此付出行动。

马艳丽就是一个追求完美的女人,她无法容忍平庸发生在她的身上。

打高尔夫球一直是马艳丽的兴趣。现在马艳丽的成绩在 90~100 杆,可是在问到她的成绩时,她却是羞于启口的样子,"成绩太差了,我都不好意思说。"

"我打算要很快地把成绩提高到 80 杆左右,彻底摆脱热爱却已经生疏的打球状况,况且我有制胜的三大法宝:喜欢宽阔、不怕热、能吃苦。"

马艳丽以前曾做过多年运动员,吃苦是家常便饭,现在提高球技的这点小苦,对于她来说更是小问题。

一次,一个朋友邀请马艳丽到国外去打球,马艳丽迟疑了一下,还是拒绝了,她说人不能把自己不当回事儿,还是练一段时间后再说吧。她的潜台词很明显,要么不去,要去就得像个样子,首先得过了自己严格要求自己这一关。

有记者问马艳丽:"你对高尔夫球装备要求高吗?"

"我非常追求完美,或许这跟我的职业有关系。现在我的高尔夫球技术还很欠缺,但是一旦投入,我会很极端,我会要求有整齐的装备,每一个细节及每一个细节的颜色,那样的话,自己看了也会挺享受的……"在"投入"这两个字上,马艳丽总渴望追求完美,因此也会给自己许多压力,她希望展现给人的总是一副最完美的样子。

马艳丽是追求完美的,而我们,如果要成为企业最受欢迎的人,要想从平庸迈向完美,也必须养成事事追求完美的习惯。一位作家这样说过:"无论做什么事情,都应该尽心尽力、一丝不苟,因为究竟什么才是事关大局的事情,什么才是最重要的,这一点其实我们并不清楚。也许,在我们眼里微不足道的细节,实际上却可能生死攸关。"美国金融家斯蒂芬·吉拉德几乎就是追求完美的化身。凡是他下达的命令都必须严格执行,不能有丝毫违背。他有一句广为人知的名言:"我们要的,不是做得很不错,而是做得没有任何一点儿错。"

要成为最优秀的职员,要想从平庸迈向完美,还必须把工作的磨炼视为一种锻炼。工作总有不称心的时候,没有丝毫困难就完成的工作几乎不存在。如果你视困难为磨难,你就会失去斗志;而如果你视其为一种锻炼的机会,你的心态就会平和下来,甚至可以从中找到无穷的乐趣。市场是无情的,只有最优秀的企业,才能够在市场生存下来;也只有最优秀、最完美的员工,才能在企业中生存下来。

宽容为大：别人发火，你熄火

雨果曾经这样告诉我们："世界上最宽阔的是海洋，比海洋更宽阔的是天空，比天空更宽阔的是人的心灵。"宽容，是胸襟博大者为人处世的一种人生态度。宽容是一种美德，怀有这种美德的人将会避免很多不必要的精神困扰，始终怀有愉悦的心情去生活；宽容是一种境界，当宽容的行为一旦产生，我们的内心便会获得永远的安宁与平静。

无论是生活中，还是工作中，我们都会碰上别人的为难。当面对别人的为难时，你会怎么做？别人发火，你就火上浇油？还是别人发火，你来熄火？

秦刚是一家罐头厂的经营者。有一家公司的采购员小罗，欠了罐头厂7000元的罐头款长期未付。一次，小罗来到罐头厂，对秦刚大发脾气，抱怨他生产的罐头质量越来越差，并说社会上骂声一片，人们不会再买他们的罐头。最后竟说出自己欠的那7000元钱也不

付了,并表示他所在的公司及他本人不再采购对方的产品等。

面对这样的情况,很多人或许早就火了。可是秦刚没有。

他先压住自己的火气,然后仔细询问了小罗一些情况,最后,秦刚出人意料地向小罗赔不是,并真诚地告诉小罗:"你的意见,我会尽快处理。你欠的货款,你如果不付,也就算了,谁让我的罐头一直不争气呢!你说今后你们公司和你本人不再买我的产品,这是你们的自由。你说我的罐头质量有问题,我现在就给你介绍另外两家有名的罐头厂……"

秦刚的一番话真诚坦率,大大出乎小罗的意料。最后小罗不但不再生气,反而被秦刚的真诚和坦率征服了。他当即决定自此不但继续到该厂为其所在的公司采购罐头,而且还动员了另外几家兄弟公司,常年向该厂采购罐头。

古人云:"小不忍则乱大谋。"世上不平之事,比比皆是,若是事事计较、丝毫不让,只会迷失我们的双眼,让我们的生活很不愉快,我们的心会更疲倦。

学会宽容,对于化解矛盾,赢得友谊,保持家庭和睦、婚姻美满是至关重要的,同时,对你的工作也具有重要的推动作用。因此,宽容大度被认为是每一个组织成员不可缺少的品质。

有人说"商场即战场",所以在商业领域里,不论对待同行还是同事,都应该时刻保持警惕,并想方设法去超越。在职场,许多人就是按照这一原则行事的,有些人甚至在竞争中使用不正当的手段以怨报德,对他人构成伤害。

实际上,"成者王侯败者寇"并不适用于公司,因为不论胜败如何,大家今后还是要在一起工作。试着让自己拥有一颗宽容的心,让心绪变得平和,使自己能理解别人,这样无论成败你都是英雄。

在人与人的交往中,误会在所难免,对此,我们所要表现的不应是对他人的冷落,而要给予他们必要的尊重和谦让,在消除误会的基础上,长期、稳定地携手合作。

偶尔的误会可能会造成客户、同事或者上级对我们的不满,但在误会消除后,它带给我们的将会是更融洽的工作环境。

学会宽容别人,就是学会善待自己,这是工作中最聪明的做法。逞一时之气,永远成不了大器。

诚信为本:不欺不诈,信守承诺

《你属于哪种人》一书的作者在书中举了个例子:一家大公司的录用标准和晋升标尺是应征者是否诚实与守信。他们的老板这样解释道:"一般来说,如果一个人在金钱的使用上有了什么不良的记录,或者因为不诚实有过惩罚的记录,我们公司就不会录用他。"他还列举了四点理由:

第一,我们需要有责任心的员工。以前的种种不良记录都表示那个人在人格上有缺陷。

第二,如果一个人在金钱上不能信守承诺,你能相信他还会

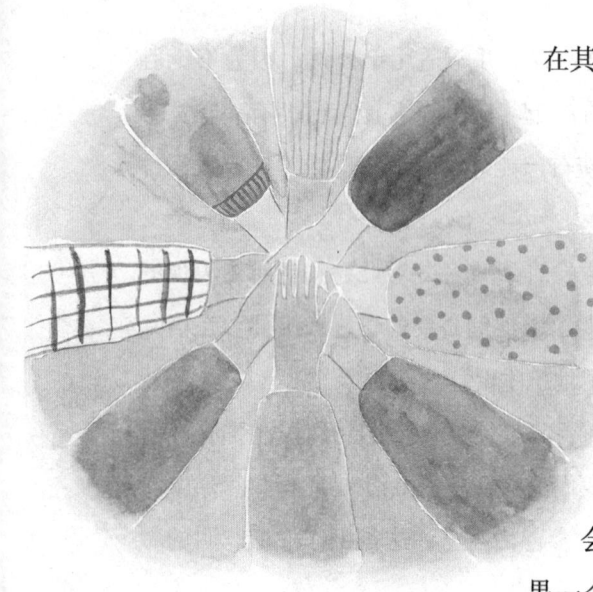

在其他事情上守信用吗？

第三，我们需要的是兢兢业业为公司效力的人，很难想象一个没有诚意、投机取巧的人能在他的工作岗位上尽职尽责。

第四，我们不想自掘墙角，因为财务问题会导致很高的犯罪率。如果一个人无法妥善解决自身的财务问题，我们无法保证他不会挪用公款，甚至偷窃财物。

这家公司的用人标准说明了这样一个问题：诚实与守信是衡量一个人品行的尺子，无论什么时候、什么地方，都可以用来检验一个人的品德。

也许谈到诚实与守信，你会认为"老实吃亏"。的确，在我们的人生旅途中，也许我们会由于诚实而暂时错过一些东西，但是，从长远来看，这些都算不了什么。因为我们树立了诚实守信的形象与名声，从而被人信赖，这是无法用金钱衡量的。有时，凭借欺诈、奇迹和暴力，或许可以获得一时的成功，但是只有凭借诚实与守信，我们才能获得永久的成功。戴尔说的话就很值得我们思考。

戴尔是一家大型跨国集团公司的人事主管，他在谈到员工录用与晋升方面的标准时说："在我们公司，录用一名员工时，很注重他在工作和生活中的诚信程度。假如一个人在这方面有不良记录，我们公司是不会录用他的。其实，很多公司也跟我们一样，也很注重一个人在这方面的表现，并以此作为晋升和任用的标准。假如他在这一方面出现了污点，即使他工作经验丰富，条件优越，大部分公司也不会聘用他的。通常情况下，我们之所以这样做，有以下几个理由。首先，一个人在工作和生活上失去了诚信，毁约背信，说明他人格上有缺陷，是一个人格品质不健全的人，不值得录用。其次，一个人一旦不守诺言，毁约背信，会让公司遭受重大的名誉损失。另外，一个人失去了诚信，不能信守诺言，就会打乱工作中的秩序，为公司的管理带来隐患。最后一点，也是很重要的，就是一个人一旦失去了诚信，就会在工作岗位上玩忽职守，从而影响了公司的健康发展。"

戴尔的话说明了这样一个道理：诚信关系到一个人是否具有健全的人格品质，关系到是否值得被人信赖和尊敬。所以，在工作上，我们一定要诚实、守信，这样才会赢得别人的信赖，为自己创造更多的机会。诚信是做人的准则，我们要把它落实到自己的日常行为之中。

不仅仅是在职场上，在生活的各个方面，我们都要做到诚信。诚信好比人的名片，无论走到哪里，都会为其赢得信赖。在一个人的成功道路上，诚信的品格比能力更重要。一个人能力再强，若失去了诚信的品质，就很难有大的成就。

诚信如真金美玉，狡诈如败絮瓦砾。如果说世界上最深不可测的地方是人心，那么最能震撼人心的力量就是诚信。

无论对一个国家，对一个企业，还是对一个人来说，诚信都是巨大的无形资本。古之能成大事大业者，大多都有信义于天下。经营之神王永庆先生说过："做生意和做人的第一要素就是诚实，诚实就像是树木的根，如果没有根，树就别想再有生命了。"以诚待人，在工作中树立起诚信的品牌，相信你一定会得到越来越多的支持和帮助，你的工作和事业也会开创出一个崭新的局面。

审视过往，三省己身

一般来说，能够时时审视自己的人，很少会犯错误，因为他们会时时考虑：我到底有多少力量？我能干多少事？我该干什么？我的缺点在哪里？为什么失败了或成功了？这样做会很容易找出自己的优点和缺点，为以后的行动打下基础。

人非圣贤，孰能无过。人生允许出现错误，但不能允许同样的错误犯第二次，人的一生如果充满着错误，那么他的结果就无法正确。犯错不可怕，可怕的是不知道错在哪里。

一个成功的人往往是一个懂得自我反省的人，自我分析的人。每件事情都有其相应的时间和空间，既要花时间去实施，又要花时间去反省。我们当中的大多数人并不利用时间进行反省。在我们繁忙的日程表上往往会忽略这一成功秘诀的重要部分。

在一天结束时，一定要花些时间审视一下在一天中发生的事情——到什么地方去了，遇见了什么人，做了什么，说了什么，等等。沉思一下做了什么，没有做什么，希望再做什么和希望不做什么。一定要尽可能生动而形象地记住那些相关的事件。记住颜色，记住情景，记住声音，记住交谈内容，记住经历，通过这样的自我锻炼，及时发现问题才能及时解决问题，方能提高效率，减少失误。安利的例子就极好地说明了这一点。

安利是美国知名的消费品制造商，拥有超过100万名独立经销商的全球直销网络，而且旗下所贩售的产品超过4300种。

安利是由狄韦斯和杰文·安黛尔两人共同创立的。20世纪50年代末，他们在自家的车库里展开了他们的事业。后来虽然遭遇过许多挫折,但是他们两人从不放弃,并且彼此扶持、鼓励,经过长时间的努力之后,终于演变成现在的安利。

当媒体询问狄韦斯的经营之道时,狄韦斯认为,那些梦想拥有自己事业的人,最后往往只看重管理事业,而不是继续成长。大多数公司之所以会垮,是因为原本的创立者忘了继续进步的重要性,只陶醉在公司目前的繁荣景象中。而如果要继续进步的话,就不能忽略时时的自我反省。

的确,有很多人都曾这样抱怨:"我每天都在拼命地工作、工作,我一刻也没闲过,可如此努力为什么却总是不能成功?"

正如成功多是由内因起作用一样,失败也多是自己的缺点引起的。一个人必须懂得不断反省和总结自己,改正自己的错误才不会老在原处打转或再次被同一块石头绊倒;人只有通过"反省",时时检讨自己,才可以走出失败的怪圈,走向成功的彼岸。

第六章 职场是激烈的竞争之地

别让好脾气害了你

多交"盟友",补充实力,创造佳绩

同事之间既是竞争对手,又可以建立同盟军,从而补充自己现有的实力,扩大自己的规模,为自己打造坚固的事业后盾,促成自己的成就。

在职场中,身边的每一个同事都和你的事业息息相关,树一个敌人的威力要比你拉几个朋友的威力还要大,聪明的人自然会选择多交"盟友"了。

有一天,眼睛、鼻子、眉毛、嘴巴在一起开会。眼睛、鼻子和嘴巴三位故意和眉毛过不去。眼睛说:"眉毛有什么用?凭什么要在我的上面?我眼睛可以看到东西,如果宣布罢工,人们连吃饭都会发生问题。"

鼻子也不服气地说:"我鼻子可以闻到味道,如果我宣布罢工,饮食就没滋味,眉毛算什么?怎么可以在我的上面?"

嘴巴也毫不示弱地说:"五官中要数我嘴巴最有用。如果我不吃东西不喝水,谁也活不了。我应该在最上面,眉毛最没用,应该在最下面才对,或者干脆不要他了。"

眉毛听了说:"你们大家说得很好,但如果把我放在最下面,主人的脸会乐意吗？"

一句话说得眼睛、鼻子、嘴巴哑口无言，试着想一下接下来发生的故事，主人肯定会因自己的丑而不见天日，成天躲在没有人的角落，眼睛无福享受五彩斑斓的世界，鼻子也无福享受色香味俱全的味道，更苦的是嘴巴了，对于天下美食，只能做白日梦！

如果他们齐心协力给主人一幅漂亮的五官，就会要什么有什么，所以千万别轻易为自己树敌哦！

不论你多么才华横溢，还是必须依附于团体。既然如此，你就必须经常地关心周围的每一个人。你必须要意识到，自己只不过是社会共同体中的一个小细胞而已，这才是一个人个人价值的真正体现。如果团体中的每一个人都只注重个人存在，只求自己的表现，大家发挥的力量就只有一个人的力量而已，这也只能满足个人的自我表现欲罢了，而且这个表现欲的力量也是有限的。不但如此，如果每一个人还要费尽心思地与其他人较劲，这样的话，连个人发挥出来的力量都会大为减弱，这种做法永远也无法为自己创出令人羡慕的佳绩。

既然人必须依附在大团体下，唯有大家同心协力地发挥团体的力量，才能让大家一同向前迈进，个人也才能实现自己的理想与抱负。

职场中，不管男同事还是女同事都会成为我们的盟友。

有一本关于心理学的书中说，一个男人最容易对与他并肩工作到深夜的人产生好感。

作为一个白领,和男同事一起加班到半夜的机会不会少吧?抓住这种机会,你们很快就能成为好朋友。

加完班,一起去放松,在酒吧看一场深夜转播的足球赛或是打打保龄球,大家很容易就找到了男人的共同话题。

男同事要溜号的时候,你给他打个掩护;你有事了,他也会帮你撒个小谎。"革命的友谊"就是这样慢慢建立起来的。

漂亮的女同事也可以成为你的盟友。

借用一句流行语:"她们是办公室里一道流动的风景线。"工作累了,可以左看右看,上看下看,有提神醒脑、消热解暑之功效。

和她们共事,可以有机会一睹芳容,比拿奖金还让人陶醉。至于受她们差遣做点小事,更是前世修来的福气。

在和女朋友或老婆吵架的时候,可以请她们帮忙,做点小把戏,绝对可以作为一种"定时炸

弹",让女友或老婆不敢小看你的魅力。

不漂亮的女同事同样也可以成为你的盟友。

她们最大的优点就是善解人意,细心周到,是最好的工作伙伴。和她们交往,不用担心流言蜚语,也不会背上"大色狼"或"重色轻友"的"美名"。自己开心,老婆也放心。

怎么样?明白了没有?是敌是友,全在你的一念之间。

如若想多结交"盟友",首先要学会多关心别人。多关心同事,这样可以让同事间的关系变得更融洽,共同成就事业的机会也就更多。另外,还要时不时地给同事点小恩小惠。你可以送一些受同事家属喜欢的礼品,这比直接送给他本人还要受欢迎。同时还可以在办公室里和大家一起分享你带的美食,或你带的一些消遣品。这样,大家同样会对你更关注,不经意间就会和你站在同一条战线上了。

与同事交往多同流少合污

在社会生活中,必然会有一些固定的小圈子,这在人的互相交往中是非常正常的现象。要顺利处理人际交往,就要学会融入一定的圈子。

在曾经热播的电视剧《杜拉拉升职记》里,杜拉拉刚刚当上广州办行政主管的时候,经常"惹怒"顶头上司玫瑰,以至动不动就招来一顿臭骂。杜拉拉在紧张与迷茫中找不到和玫瑰沟通的游戏途径，就想与北京办的主管王蔷沟通一下，一方面可以试探她是如何与玫瑰工作的，另一方面也可以发泄一下不满情绪，让心理平衡一些，毕竟处在同一条战线上的人才有共同语言嘛。但是，杜拉拉不但没有从王蔷那里得到有价值的东西，王蔷反倒怂恿她一起越级申诉玫瑰。这下杜拉拉可不干了，因为她有自己的立场——可以和王蔷"同流"，但坚决不能"合污"。而最终的结果也证明了杜拉拉是正确的，王蔷被炒掉，她却稳坐自己的位置，而且还讨得了玫瑰的欢心。

　　如果在职场上碰到这类情况，也应该借鉴杜拉拉的方法。当我们身处职场而孤立无援的时候，可以找其他的同事寻求帮助、宣泄情感，并与其结为朋友，在日后的工作中可以互相有个关照，还可以借此和更多的同事打成一片，以获得更多的人脉资源。但是要注意，如果有同事要拉你下水，一定要毫不犹豫地拒绝。如果出于朋友义气而做出了有损公司的事或其他不光彩的事，那么，你和拉你下水的人必将受到相应的惩罚。

　　也许你过去一直习惯生活在自己的世界里，当你进入职场，突然被推到一群陌生的同事当中时，你的确会面临一个艰难的选择：是保持自己的个性，还是尽快融入另外一个陌生的环境。你可能会觉得与其跟一大帮无趣的人混在一起，还不如坚守自己的空间。于是，你坚持"三不原则"，即不和同事做朋友，不和同事说知心话，不和同事分享秘密。每天例行公事后，就埋头看书，与同事的关系越来越疏远，但是，你渐渐发现自己的工作越来越困难，虽然自己谁也没得罪，可一些负面评价老是陪伴着你，你在职场的人际关系慢慢开始陷入泥沼。

不论你是否发自真心，作为职场中人，你必须与周围的小圈子"同流"，因为它毕竟是存在的，不管你喜不喜欢，它都会对你的工作产生影响。所以，二十几岁的年轻人要学会与同事多"同流"，但一定要少"合污"。

和密友同事保持安全距离

两人关系密切但应有恰当的距离，知道别人太多的过去，会让自己很危险。

当很多同学还在为工作发愁的时候，小方已经稳稳当当地坐在这家大公司的某个小方格里开始他的职业生涯了，他受宠若惊而又异常兴奋，他正是怀着对力荐他的顶头上司十二万分的感恩之心到新单位报到的，小方暗暗发誓一定要好好干。

他们组有个女孩，和他处得非常好，工作上常能保持意见一致,他们的友情也不断深化,发展到了各自的私交圈子,对方的男女朋友也都十分熟悉。她有时会和小方的女朋友一起逛逛街,小方和她男朋友偶尔也会打打球。有时4个人还坐在一起搓麻将,公司里的其他同事都特别羡慕他们两人能有这么好的关系。

但这种融洽的关系却在有一天出现了难以弥合的裂痕,起因是公司里新来的副总经理。女孩从见到他第一眼起,就很不自然,副总经理也是,两人坐在那里,并不说话,气氛很微妙。下班时,女孩突然"消失"了,而平时女孩和小方都是一同坐车回家的,即便临时有事,也会先打个招呼。小方问了门口的大爷,说她是和副总经理一同出去的。

第二天,女孩红肿着眼睛来上班。回家的路上,没等小方问,她就主动和盘托出:副总经理是她大学时的同学,他们曾经谈过恋爱,后来因为副总经理毕业后去了美国,于是两人断了往来。副总经理经过一次失败的婚姻,再见女孩时,有了和她重温旧情的想法。说着说着,女孩忍不住掉起眼泪来。

小方和这个女孩子就这个事情进行了亲密的交谈,但是没想到,自从那次之后,女孩和他渐渐疏远,也许是后悔让他知道了这个秘密。终于有一天,她开始在同事面前放风,说小方做事常常偷懒,完不成的任务都要她帮忙顶着。

上面的故事可能会引起很多人的深思。小方知道了女孩过多的秘密,所以才吃到了苦头。

职场人际关系非常玄妙,虽非亲密无间,但却熟悉无比。这

之间存在着一个最佳距离，保持这个距离，才能为自己营造一个良好的职场人际空间。

有一个刚参加工作的青年，对什么事情都不太了解，就在他不知如何是好的时候，有位行政职员非常热心地照顾他，两人成了好朋友。日子一久，他发现这位职员的牢骚愈来愈多，一开始，他只是倾听对方的牢骚。后来，工作压力过大，难免也有一些情绪的问题，于是他也开始批评公司和主管。他心想，反正对方也批评公司，所以就很放心地不时吐吐苦水。

有一天，人事主管将他找了去，问起他对公司的批评。他吓了一跳，只好死不承认。他离开了这家公司，临走前，一位资深员工偷偷地指着那个行政职员对他说："你不知道他是老板的远房亲戚吗？"

他这才恍然大悟，原来自己掉进了一个办公室的陷阱！

有这样一句话："不要试图与同事建立友谊，你与同事之间只能产生默契。"同事毕竟只是共同做事，彼此之间存在许多利益冲突，这是亘古不变的道理，无论何时何地，同事间的竞争都存在。这就要求二十几岁的年轻人在与同事交往时注意保持一定的距离，如果与同事交往过密，难免口无遮拦，若被有心的同事利用了，不但没有友谊，自己的饭碗也难保了。同事之间毕竟是因工作结成的关系，如果忘记这一点，只谈友谊，就大错特错了。

和同事之间，亲昵而不可交心，熟稔而不可无间，要把握好这特殊的"熟人"关系。千万不要与同事有过密的交往，因为你对他知根知底，一旦风向有变，你立刻就会成为他的重点防范对象。别人的伤心史，你别好奇，更不要滥施情感。你同情他，说不定他转眼间就会为自己的一时脆弱而后悔，甚至转而恨起你来。因为人通常都需要在自己脆弱的时候寻找倾听对象，但是在你知道太多别人的往事后，对方就会非常后悔，还会找机会给你使个绊，让你追悔莫及。因此与同事，特别是那些有过多"情史"的同事相处，最好停留在"今天天气不错"的水平上，这样才能保证你的安全。

同事间的竞争也要多留心

同一个目标，只有一个人能获得，所以竞争中一定有刀光剑影的闪烁，明枪暗箭的中伤。面对同事之间的竞争，要时刻提高警惕，说不定什么时候，你就会落马。

竞争，有时就是披着美丽幌子的丑恶怪物，我们往往在情感

第六章 职场是激烈的竞争之地

与理智之中迷惘,在你死我活的较量中使一些人际关系变得不堪收拾。

于是,竞争使社会关系的天平多了一个砝码。这个砝码将构成怎样的倾斜,你一定要做到心中有数才行。

吴都和石真是好朋友,也是相处多年的好同事。他们公司的新经理制定了一个奖励措施,谁创效益最多就给谁一个特别奖,奖金金额颇为可观。吴都非常希望获得这笔钱,因为他的孩子上自费大学急需要一笔钱;石真也对这笔钱看得很重,因为他爱人整天向他嘀咕谁的老公又买了辆小车,谁的老公又升了一个职位……石真极其希望借着新经理的改革举措,使自己在夫人面前扬眉吐气。吴都疯狂地跑业务,绞尽脑汁地联系客户,有时,也将自己的情况说给石真听。吴都不相信同事之间会失去真诚和友谊,他认为几年来他俩已相处得挺好了。

忽然间,吴都发现自己的一些客户都支支吾吾、躲躲闪闪,言而无信了。他不明白为什么。

有人告诉他,他的客户听说他是品行恶劣的人,喜欢擅自将商品掺假,自己从中获取非法利益……总之,关于他的谣言很多。年底的时候,石真最终获得了特别奖。吴都从石真的业绩单上顿悟过来了。

吴都的失误在于他没有认清这种对立矛盾的严峻现状,盲目信任同事。在没有竞争的日子,也许大家能做到彼此相悦,其乐融融,一旦进入角斗场,角色就变成了有"对立矛盾"的人。

"兵不厌诈",早已成为制胜的"公理"了,残酷竞争中的虚伪也就变得"在所难免"了。

当你棋逢对手时,你的情感、理智、道德、功利都会遭遇最大的考验;当你想获得成功的时候,是否遵守道德准则;当你坦诚地面对竞争者时,对方是否正在利用你的善良和诚意进行攻击……

凡事多长个心眼,同事间的竞争也不例外。

不在同事面前发脾气

处于情绪低潮中的人,容易迁怒于周围的人,这是自然的,但是办公室是有规则的,为了更好地在职场中生存,必须根除自己的这种陋习,不在同事面前发脾气。

林科长任财务科长的第三年,上司给他委派了一名新主任。新主任是老会计出身,没有多少文化,对管辖的部属里,谁工作认真、昼夜加班、出了成绩,他看在眼里、忘在脑后;谁迟到早退、不请假或者没有及时给他送材料,他却牢牢记在心上,时不时地给你点颜色瞧瞧。尤其是对财务科的工作总是挑毛病、找破绽,好像怎么看怎么不顺眼。

面对蛮不讲理的新主任,林科长既没有当面顶撞,也没有逢迎巴结。他经常和本科室的人员开会,定出工作程序,交给主任过目后,再切实执行,并做好系统记录,以便主任翻阅。这样自行安排工作，既减少了他这个财务科长与新主任的摩擦，也减轻了自己的负担。

有几次，林科长被主任严厉批评，但他没有任何的异常情绪，也没有把这种情绪带到工作中。相反，林科长每受到委屈，必当机立断，检查自己的工作、处事是否有错误，并且有错必改，或是重新评价自己，进一步做好本职工作。

此外，对待这样的"大老粗"主任，林科长为自己的前途着想，时时小心、处处小心、步步小心，每一件事、每一句话都对主任格外尊敬，尊重主任的意见，多向主任请教，多多体谅主任的难处。

这样一年下来，主任对财务科长褒奖有加，再也不像以前那样恶声恶气。又过了半年，林科长被提升为财务部主管。

愤怒常常使人失去理智，在愤怒的情况下做出的举动和判断往往是错误的。身在职场，我们应该学会控制自己的情绪，才能更利于发展。

大凡身心健康者，都有喜、有怨、有悲，也有愤怒这些心理情绪的存在或表现。生活是多变的，在多变的生活中，每个人都会面临挫折、失望、沮丧、失败。在正常情况下，人在遇到高兴事时，会眉飞色舞；遇到伤心事时，会愁眉苦脸。但是在办公室，这种情况一定要控制。聪明的职场赢家碰到因某些问题引发的愤怒时，总是以积极的态度来对待，这就是情绪控制。

控制发怒的目的不是压迫愤怒，而是把愤怒的情绪巧妙地转移，导引为一种动力，以推进自己的事业向前发展。这是通常说的聪明人的做法。

很多人经常把工作以外的怒气和不满带到工作中，同事觉得你像随时都可能爆炸的炸弹，都会尽量绕开你的办公桌。客户打电话给你，你莫名地冲着他吼叫，然后不等对方说完就把电话挂掉。一整天，你总是用双手抱着头，一声不响地坐在那里，工作懒得做，话也懒得说，办公室的气氛因为你而变得死气沉沉。你自己觉得他们知道真相后会体谅你，而且事情一过，你也会热情

地投入工作。殊不知，你这种不够成熟的表现会严重影响你的工作，这样做并不能使你解脱，还会让你的同事们也感到不快，进而影响你与他们之间的关系。

办公室是一个公共场合，不同于你自己的家——即使在家也要考虑家人的情绪，而同事是与你共同做事的人，不是来看你脸色、受你脾气的。正所谓"一人向隅，举座不欢"，纵使你有一千个理由，也不应该把坏情绪带到办公室。

我们应该学会控制自己的情绪，不在同事面前发脾气，会让你与同事的关系更加和睦。

听懂同事抱怨背后的真意

要想提高自己在办公室里受欢迎的程度，很重要的一个方面是当同事向你抱怨时，要听清同事抱怨背后的真意，给出最正确的反应，以免反应不当让同事误以为你是一个"自以为是的家伙"。

而要做到这点，最重要的一个原则就是要将心比心，推己及人，站在别人的立场上去感受和体会。"会痛"就是心中的感受，即所谓的"感同身受"；然后，在这基础上加以"表达"，也就是让别人明白"我感同身受"。只要有心，不管从大处还是小处均可以揣测别人的想法和内心，不知不觉中你就能很轻松地了解他人抱怨的目的，从而给出正确的回应。

例如，你的同事小王，是个很优秀的北区主管，在公司内业绩领先。但他最近有点消沉，下班以后，在办公室，他找你聊天。

小王说："我用了整整一周的时间做这个客户，但销售量还是不高。"这时你怎么理解这句话，怎样来回应呢？你是建议他怎么做吗？你是点头倾听吗？还是一起来抱怨销售政策呢？

其实相同的一句话，其中可能蕴藏了很多种不同的感情成分，有抱怨、无奈、表达建议、征求建议、希望指导等。能听懂他表面的意思是初级水平，关键是听懂他说这句话背后可能隐藏的内容，了解他的想法和内心。

如果用不同的方式说"用了一周的时间，销量还是不高"的事实，表达的意思是不尽相同的。

比如，小王说："嗨，我用了整整一周的时间做这个客户，也不知道怎么搞的，销售量还是不高。"这样的说法，对方表达的可能是无奈，小王不知道怎样来做这个客户，他已经没有办法了。

小王说："看来是麻烦了，我用了整整一周的时间做这个客户，客户的销量还是不高。"这样的说法，可能是对方想换掉这个客户了，可能他心中已经有候选客户了。

小王说："说来也奇怪，我用了一周的时间做这个客户，销量还是不高。"这样的说法，可能是他想从你这里得到建议，希望和你探讨一下，怎样做这个客户。

也就是说，对方表达的"信息"是同样的，但是因为表达的语气不同，带给你的感受也是不一样的。在实际工作中，我们给对方回应最多的是"给出建议"。当对方仅仅是向你抱怨的时候，你给出了指导的建议。这时对方心里会怎么想呢？他可能想："就你厉害，就你能干，难道我不知道怎么做业务吗？你又不是销售经理，上个月你的销售额还没我高呢，凭什么指导我？"

但他是不会和你说这些，表面上他会附和你的说法，但很可能其中已有很多不耐烦，最后的结果是你好心帮他，但却落下个坏的印象和一个"好为人师"的绰号，这样是很不值得的。

当对方在抱怨时，其实是知道自己应该怎么做的，只是想发泄一下而已。这个时候他需要一个很好的倾听者，你只要听着就可以了，适当的时候也可以发表一些无关痛痒的言论。

当对方无奈的时候，可能是对客户的能力有所怀疑，可能需要和你分析一下客户的实际情况和公司的策略，这个时候你只要安慰和一起分析就可以了。

当对方想切换客户时，可能是对直接切换的信心不足，需要你给他鼓励。这个时候你只要鼓励他，并分享你换掉客户的经验就可以了。

当对方是真正寻求你的帮助的时候，你可以和他一起来分析这个市场的情况，给出你的建议。但是要说明，这仅仅是你的建议而已。

将心比心、推己及人，是一种根据自身的情况来推断他人情况的沟通技巧，是为了保全他人的自尊而采取的一种比较含蓄的、不直接指责、指使他人的方法，也是间接地让他人做出你希望他做的事。将心比心可以让人心甘情愿地和你交流他们的想法。

因此，在与同事沟通的过程中，应该重视对方的心理需要，将心比心，给出最正确的反应，让对方心里舒服的同时也增加了自己在同事心中的好感。

别和同事有金钱往来

办公室里本来竞争就多，与同事有金钱上的往来，会增加不必要的麻烦。在与同事相处的过程中，要适当保持一定的距离。避免过度的亲密，否则物极必反。

丹尼尔第一天到新单位上班，办公室的凯文见来了新同事，很兴奋，热情地问长问短。凯文是个棋迷，当得知丹尼尔对下棋也有兴趣时，正愁没有对手的他如遇知音，直嚷着相见恨晚。很快，两人便由棋友发展到挚友，称兄道弟，无话不谈。

一次，丹尼尔的一位朋友向丹尼尔借笔钱急用，但当时丹尼尔手头拮据。凯文知道后,就主动将一笔未到期的存款取出来借给了丹尼尔的朋友。

不料,几天后凯文突生疑虑,提出要还钱。丹尼尔的朋友无法立即还钱,丹尼尔夹在中间极为尴尬。凯文先是主动热情,后又出尔反尔,丹尼尔后悔自己对凯文了解不深就把他引为知己,两人就此反目。

金钱不是万能的,但没有金钱又是万万不能的,我们工作的一个重要目的也是为了赚取金钱。所以,由金钱产生的矛盾是普遍存在和屡见不鲜的,对此我们要加倍小心。

在办公室的人际关系中我们要做到胸襟宽广、为人坦荡,切勿与自私自利者斤斤计较。同时,也应充分了解每位同事的性格和气质,采取不同的策略,以收到良好的效果。

与办公室里的人员来往,虽然应该真诚相待。可是,有时候防范也是不可少的。因为知人知面难知心,在对某个人还不是很了解的情况下,要谨言慎行,避免交浅言深。一般情况下,不要随便将自己的内心世界和盘托出,直言相告。对自己的想法、意见要有所保留,自己的烦恼自己知,有时候说出来不但不能得到安慰或帮助,相反还可能会遭到耻笑与攻击。还有的人,你和他仿佛一见如故,打得火热,但三分钟的热情一过,他就会反过来攻击诽谤你,造谣中伤你,所以你要格外当心。

工作中常有这样的事,比如你刚进公司不久,就碰到同事前来向你借钱,数额还不小,让你深感困惑,不知如何是好。借给别人吧，自己工资也不是很高，显得有点力不从心。不借吧，又怕得罪了他，影响了彼此日后的关系。怎么办呢？这时，你会左右为难。其实，你最好很明确地拒绝他，并且诚恳地把自己的实际情况讲给他听，只要他是个通情达理的人，就会理解你。如果你将钱借给他了，而他迟迟不还，那你应该直接开口向他要，因为，他也许已经忘记了。

同样的原因，你也不要随便向他人借钱。如果你不得已借了，则应该及时还给人家；不然，有可能在同事心中留下不好的印象。

另外，你还得注意，你的同事中可能有的人爱毫无顾忌地把别人的东西拿来就用，只说一声，"借我用一下"或"我借了……"似乎是别人理所应当借给他的。还有的一借就不还，并且不经催讨就永远不还。另外有一种人更可恶，把借来的东西又转借给他人，这些都是极不好的习惯。你

第六章 职场是激烈的竞争之地

会觉得他们这种"不拘小节"给你带来了很多不便和不快。将心比心，反观自己，一定要注意不要总是随便借用甚至转借他人的物品。

金钱是物质交换的工具，也是个人劳动价值回报的表现方式。金钱对我们每个人都至关重要，所以存在金钱方面的矛盾在所难免。有的人往往为了金钱而置同事关系、感情于不顾，和你反目成仇。所以面对金钱方面的纠纷一定要小心，千万别因小失大，把小事变成大问题，同事之间的借债问题，能避免的尽量避免，最好委婉回绝，妥善处理。

同事刁难，一味妥协不是办法

同事之间的关系非常微妙，也是"办公室政治"中非常重要的一项内容。我们都知道同事之间的关系非常难处，在实际工作中，我们很难同各种各样的同事都搞好关系，有时还会遇到一些根本不愿意与别人合作的同事。

遇到这种情况，首先要明白同事不愿意与你合作有主观、客观上的许多原因，但不论何种原因，对方的不合作都会大大影响你的工作效率，让你的某项工作或任务因他（她）的不合作而被延误，有时甚至还会带来非常严重的损失。遇到这样的同事，我们当然先要好好地商量，尽量"和平"解决问题；但是如果妥协也解决不了问题，那就要采取一定的措施了。

1. 消除不合作的因素

很多时候，同事不合作不是针对某个人，而是针对某项工作。对待这样的情况，我们首先应该用实际行动帮助不合作的人消除不合作的因素。

我们应该清醒地认识到，在实际工作和生活中，要想使不合作者变为合作者，不仅仅是一个说服问题，还是一个实际行动问题。只有找到不合作的原因，在行动上帮助不合作者，消除对方不合作的原因，才能使不合作者成为合作者。

2. 欲擒故纵

欲擒故纵的本义是指为了捉住对方，故意先放开他（她），使其放松戒备。比喻为了更好地控制，故意放松一步，这里用其比喻义。如果你把这种方法运用得十分巧妙，效果也是十分明显的，能使不合作者轻易地变成积极的合作者。

有时这种不合作的同事，即使你苦口婆心地劝告和说服也起不了太大作用，这时你不妨采取这种比较间接且又十分有效的方法。

3. 诱导对方参与你的工作

在与不合作的同事相处时，你应该千方百计地想办法诱导他参与你的工作。这是转变不合作者态度的又一重要措施。

在实际工作中，与你不合作的同事也许并不是主观上持有与你不合作的态度，而是他（她）从没有参与过你的工作，根本不了解你的工作，不知道与你合作的意义。如果是这种情况，你应当做的就是想办法使对方加入你的工作中,让其在与你一起工作的过程中,亲身感受与你合作的意义,这样,你就自然而然地得到他(她)的合作了。

同事之间是合作的关系,强硬的态度很容易把关系搞僵,两人结下"梁子",日后的工作会有诸多不便。所以,不到万不得已,还是不要用"强硬"的方法。

同事关系融洽,心情就会舒畅,这不但有利于做好工作,也有利于自己的身心健康。倘若关系不和,甚至有点紧张,那就没滋没味了。所以,在处理同事关系时,一定要考虑全面,从长远出发,必要时,适当做出一些让步也不是不可以的

第七章 不做老好人,才会赢得博弈

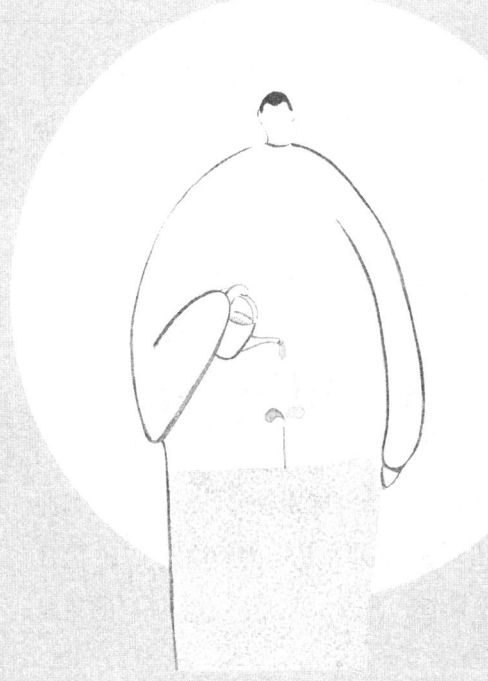

别让好脾气害了你

把虾米联合起来，能帮你吃掉大鱼

"大鱼吃小鱼，小鱼吃虾米"，这是现实中残酷的竞争法则。不过，我们若要想在社会上站稳脚跟，击败对手，有时候仅靠自己的力量是完全不行的。在这种情况下，我们不妨去联合周围可以联合的"虾米"，然后一起去吃掉我们想吃的"大鱼"，效率往往会更高。

千万不要小觑小力量的集合。当我们看到日本联合超级市场，以中小型超级市场共同进货为宗旨而设立的公司的惊人发展时，就会有如此的感慨。

在1973年的石油危机之前，总公司设于东京新宿区的食品超级市场三德的董事长——堀内宽二大声呼吁："中小型超级市场跟大规模的超级市场对抗，要生存下去的唯一途径就是团结。"可是，当时响应的只有10家，总营业额也不过只有数十亿日元而已。

但是，现在的日本联合超级市场的加盟企业，从北海道到冲绳县共有255家，店铺数达到3000家，总销售额高达4716亿日元，遥遥领先大隈、伊藤贺译堂、西友、杰士果等大规模的超级市场。而且,日本联合超级市场的业绩,竟然是号称巨无霸的大隈超市的两倍。

后来几年,日本联合超级市场的发展更为迅速。1982年2月底,联合超级市场集团的联盟企业有145家,加盟店的总数有1676家,总销售额2750亿日元。但是,从第二年起,加盟的企业总数就增加为178家,继而187家、200家、253家持续地膨胀,同时加盟店的总数也由1944家增加为3000家……

原来是一个微不足道的超级市场经营者的堀内宽二,凭借着中小型超级市场不团结就无法生存的信念,草创成立的联合超级市场,发展到今天,他本人也不会料想到的庞大规模。目前,日本全国都可以看到联合超级市场的绿色广告招牌。

堀内宽二把同行的弱者团结起来,从而造就了今天非凡的成功。中国有句俗语:"众人拾柴火焰高"。意思是说,通过联合的力量,以实现个人力量所不能实现的目标。很多小企业、小公司,在激烈的竞争中,被冲击得东倒西歪,飘飘摇摇,虽然也有顽强的生命力，但终难形成气候。

我们身为职场人，也要懂得联合的作用。当我们还不够强大的时候，要在竞争中站稳脚跟，就得联合一切可以联合的力量，达成统一战线，共同出击，以群蚁啃象之势，去迎接各种挑战。

东北有家非金属矿业总公司——辽河硅灰石矿业公司，前身为辽河铜矿，因长年亏损，1983年改换门庭，从事非金属矿的开发与经营，所开采的优质硅灰石全部销往日本、韩国，公司效益也真正红火了几年。

据称，日本商人将石头运上船，在回日本的航程中就加工成立德粉、钛白粉，中途返航，再运往上海、天津等地。

辽河硅灰石矿业公司于1990年从日本引进加工生产线，掌握了生产立德粉、钛白粉的技术，并从1992年起，开始生产建筑涂料。从1993年开始，所产硅灰石滞销，涂料的销量滑坡，公司严重亏损。1997年，辽河公司宣布破产，原来的各分厂，全部被私营单位买断。

1999年，日商再次光顾辽河公司，与私营小公司老板商榷购买200万吨硅灰石粉的合同。可是，各自为战的小公司并没有这个魄力，也不可能在1年半的时间内完成合同任务。眼睁睁看着煮熟的鸭子就要飞了，就在日商即将离开之际，辽河其中一家公司的经理郝为本狠下心，与日商签了合同。

郝为本心里清楚，如果不能按期交货，日商的索赔，会让他倾家荡产，弄不好还得蹲大牢。但到嘴的肥肉，总不能不吃吧。

郝为本拿着合同，请其他几家小公司的经理聚到一起，认真研究，联合起来吃这条大鱼。经过任务分配，平均利益，几家公司立刻行动起来。

九家公司经过有力的联合，一年半时间内，按时完成任务。

上述事例正印证了虾米联合起来吞掉大鱼的事实。因此，在现实生活中，当你觉得仅凭一人之力难以应付对手时，完全可以采取这种办法，把可以借力的伙伴联合起来，就像一根筷子容易断，一捆筷子不易断，这种小力量的集合，会给你带来重大的收获。

可有可无的人，随时可能被替代

有一位企业家这样说过：当你比别人强一点点时，别人会嫉妒你；当你比别人强一截时，别人就会羡慕你；当你比别人强一大段时，别人就会向你看齐。如微软这样一流的企业，每一项举措后来都被奉为业界的标准。这充分说明，如果你想拥有核心竞争力，就要超出别人很多，或者，你能够持续比别人强一点点。

杜拉拉与HR招聘经理童家明一起做管理培训生的校园招聘项目。在这个项目的分工上，童家明做前段，负责策划和与高管层的沟通；杜拉拉做后段，负责具体实施和与业务部门的协调配合。对于这种分工，杜拉拉无话可说，因为她没有这类项目的策

划经验,如果还不愿意做实施,那就完全没有用处了。而且,虽然后段与销售的配合会比较痛苦,但是假如能做好,也是有意思的活儿,至少好过让自己沦落到可有可无的境地。

杜拉拉心里很明白:一个可有可无的人,是随时可能被替代的,也必定是个便宜的货色。在竞争激烈的职场,可有可无的人的处境最尴尬也最危险。所以,不论什么行业、什么工作,既然做,就要做到最好,让自己比别人高,比别人强,才能赢得别人的肯定,成为工作中的"专家",这样你的位置才会稳固。

那么怎样才能尽快在工作中成为专家呢?

首先,你应该选定最适合你的、最能将你的优势表露无遗的行业——你可以根据自己所学的专业来进行选择。当然,在很多情况下,你也许没有机会"学以致用","学非所用"的情况很常见,但这并不妨碍你成为所从事行业中的佼佼者。所以,与其根据学业来选,不如根据兴趣来定。但是,必须注意的一点是,一旦选定了一个行业,最好专注下去,这比你不停地转行要好得多。每一行都有苦和乐,因此你不必想得太多,关键是要把精力放在你的工作之上。

行业选定后,接下来你应该像海绵一样,广泛摄取、拼命吸收行业中的各种知识。你可以向你的同事、主管、前辈请教,不要总是把薪水待遇等问题放在第一位来考虑,因为你还不具备这种资格。要把最初的工作经历当作是一种再学习的机会。除多向同行请教以外,你还可以搜集各种报纸、杂志上的信息,从多种媒体渠道获得你需要的知识。如果你的时间允许,参加专业进修班、讲座、研讨会等都是不错的选择。也就是说,你应该打定主意,一门心思在你所从事的这一行业中谋求全方位、深层次的发展,而不是得过且过地混日子。

你可以把自己的学习分成几个阶段,并限定在一定的时间内完成一定量的学习。这是一种压迫式的学习方法,可以逼迫自己向前进步,也可以改变自己的习性,锻练自己的意志。当然,你不必急于"功成名就",但一段时间之后,假若你学有所成,你便可以开始展示自己的学习成果,并在自己的工作中表现出来,从而引起他人的注意。当你成为专家后,你的身份必会水涨船高,也用不着你去自抬身价,这便是你"赚大钱"的基本条件。因为你不一定能当老板,但有了"专家"的身份,人人都会看重你,你的地位就是不可动摇的。

下面是帮助你成为专家的几条建议。

（1）不要吝惜投资。用至少3%的收入购买各种书籍和杂志，其中包括音像图书和学术刊物。你应该为培养你的能力而投资，尽管成千上万的人在没有受过正规教育然而却有极好机遇的情况下，也攀登上了成功的顶峰，但是他们的成功也是由于具有坚定的信心和良好的品质，以及付出了极大的艰辛。

（2）坚持每天阅读。每天阅读一小时意味着你用两周时间阅读完一本书，这样，就相当于每年读完25本书，10年读完250本书，这个数字是相当惊人的。在现在世界上每人每年平均看专业书籍不到一本的情况下，你每年阅读专业书籍25本，将有助于提高你的专业水平，这不仅能使你成为众多竞争者中的佼佼者，而且可以改善你的经济状况和提高你的生产率。应记住，你头脑中装载的所有知识对于塑造今天的你都是有用的。

（3）利用可以利用的时间。一个人每天往返于工作地点和家中，一年中平均有500~1000小时无目的地浪费了。其实你完全可以利用这些零散的时间来提高自我，比如听听专业知识录音带，看看袖珍英语词典等。有人计算过，如果能够充分利用这段时间，效果竟相当于在大学学习两学期。有很多伟大的成功者都能巧妙地利用零散时间，让自己在不知不觉中比别人高出一筹。

总之，只有那些永不自满、永远追求信息与知识的人，才能被充实和装备起来，才能成为无法替代的人。

选择互补的搭档，取人之长补己之短

职场中，我们难免会遇到有利益之争的竞争对手，聪明的人往往会找一个同样处境的伙伴联合起来，对抗竞争方。但我们首先要优先考虑合作伙伴能否弥补自己的劣势。因为只有选择互补的搭档，借他人之力，直击对手要害。

可口可乐和百事可乐，在一般消费者看来，他们是饮料市场上两个水火不相容的对手，两家的市场竞争也可谓你死我活，似乎每家都希望对方忽然发生重大变故，而把市场份额拱手相让。但是多年来，这种局面让每一家都赚了个盆满钵满，而且从来没有因为竞争而使第三者异军突起。

其实我们认真分析一下这两位饮料市场的龙头老大，就会发现实际上他们之间是一个攻守同盟的局面，从而形成了一种有合作的竞争关系。他们真正的目标是消费者以及那些虎视眈眈的后起之秀。只要有企业想进入碳酸饮料市场，他们就必须展开一场心照不宣的攻势，让挑战者知难而退，或者一败涂地。

可口可乐和百事可乐之间存在着竞争，防止其他饮料公司异军突起却是他们共同的目标。他们明白只有联手垄断整个饮料市场，他们的生存处境才将更好。强强联合，可以更强；弱者联手，才有机会巧打"咸鱼"翻身之仗。

试想，如果你是一滴水，只有融入大海之中你才不会干涸；

如果你是一只大雁，只有在雁群里你才会飞到目的地；如果你是一棵树，只有在大森林里你才能茁壮成长。人无完人，找到能与自己并肩作战的搭档，用他们的长处补足你的短处，会令你的成功之路更加顺畅。

不过，选择搭档不能凭感觉来，也不能抱着试试看的心理去做，必须要有端正的态度和正确的认识，必须从多方面来考虑自己，审视自己，同时也必须对你的搭档和你自己的切身利益做个周密的思考。

选择合适的搭档，大家彼此互补，能够促进团队合作的顺利进行，提高双方的成绩。这一点从团队的高层合作就可以看出。一般来说，每个单位的领导周围都有几员得力干将，占据重要部门的重要位置。而你会发现，凡是得力干将和老总性格相似，趣味相投的，团队中问题都比较多；凡是两个人性格是互相补充的，团队都比较健康。

看看几个大企业都是如此：海尔有了张瑞敏和杨绵绵才平衡，一个做战略，一个做执行；海信有了周厚健在掌舵，于淑敏才能冲在前面；联想的柳传志充满了智慧，才有了杨元庆和郭为的发挥余地。可见，互相搭配才能互补，才能达到企业管理的更高境界。

很多人认为，找到一个合得来又互补的拍档确实不仅是困难的，甚至是危险的。他们的想法不同于我们自己的想法，整天要与他辩论、说服他，多累呀。虽然有时候他是对的，但自己却感觉很不服。甚至有些人把见解不同上升到另一个高度，轻则分道扬镳，重则互相排挤和打击。

那么，在寻找互补搭档的时候，就要求你勇于突破自己的上述担忧。试想，搭档和自己一样的话，搭档就失去了存在的意义，只要一个人就可以了，为什么要有两个脑袋？这样才真正是做大事的心态，人生也就成功了一半。尽管在接触、磨合中两个人经常有摩擦，有不同思维的碰撞，但正是因为有这样的摩擦和碰撞，才有了更新、更好的火花，对双方的成长和彼此的发展都是有利的。

一个感性的人在鼓动，一个理性的人在执行；一个外向的人在激励，一个内向的人在操作；一个人在思考，一个人在实践；这才是完美的组合，才是成长的必备。古人说：一阴一阳谓之道，其实合作的道也是如此。

积极学习，拥有走到哪里都有饭吃的"铁饭碗"

学习是一个人对自己进行的最重要的投资。一个好的文凭也许能帮助你找一份工作，但它只代表你过去的成绩，并不代表你将来在工作中取得的成就。所以，工作其实只是新的学习的开始。也许在短时间内，你并不能体会到学习的益处，但时间的威力是巨大的，能在工作后学习，并坚持下来的人，要比那些毫无目标的人过得充实得多，并伴有进步。

在小薇的职场生涯中，可以说学习一直是主旋律。特别是升任行政人事主管以后，小薇先是跟着自己原先的上司学做招聘，别的领导来了兴致也会教她两招。她总是心悦诚服，一边点头，一边还刷刷地做笔记，很多领导看到小薇如饥似渴学习的模样，也很高兴。后来，小薇还报了班，专门针对人员招聘进行系统学习，进步很大。

正是小薇的这种学习精神，让她在单位内的地位越来越稳。其实，不光是小薇，任何一个人只要拥有了别人不可替代或超越的能力，就会使自己的地位变得十分稳固。因此，不断地学习与充实自己，让自己无可替代，才能在职场上立于不败之地。而终身学习的精神，也是现代企业在用人时非常看重的一点。

文艺复兴时期，一个画家是否能够出人头地取决于能否找到好的赞助人。米开朗琪罗的赞助人是教皇朱里十二世，一次在修建大理石石碑时,两人产生了分歧——他们激烈地争吵起来,米开朗琪罗一怒之下扬言要离开罗马。

大家都认为教皇一定会怪罪米开朗琪罗,但事实恰恰相反——教皇非但没有惩罚米开朗琪罗,还极力请求他留下来。因为他清楚地知道米开朗琪罗一定能够找到另外的赞助人,而他永远无法找到另一位米开朗琪罗。

米开朗琪罗身为艺术家,其卓越的才华是他手里的王牌,具有不可替代性就可以让自己的地位坚不可摧。其实,任何一个人只要拥有别人不可替代或超越的能力,他的地位就会变得十分稳固。因此,让自己的一切都在掌控之中才能在社会上站稳脚跟。从这个角度上说,现代社会,所谓的"铁饭碗"就是到哪里都能有饭吃。

在职场上,没有终身的雇佣关系,如果你的发展跟不上企业的发展,那么你的位置就难以巩固。因此,作为一名从业者,如果你想避免被淘汰的命运,让自己有更好的发展,就要努力提升自己的专业技能,使自己成为那个不可或缺的人。

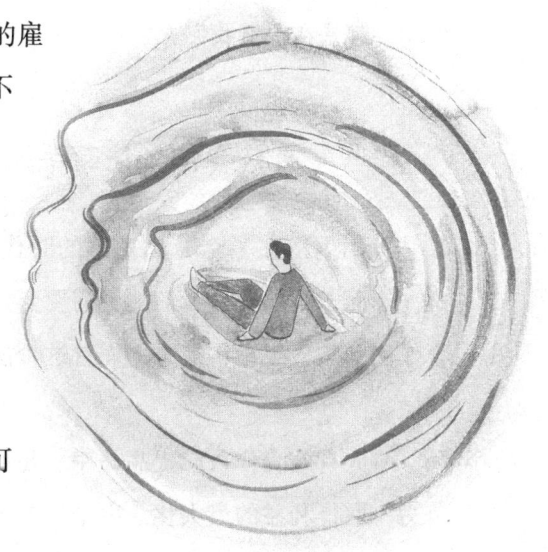

公司需要的是优秀员工。你必须持续不断地自我成长,让自己变得更优秀,否则根本不可能在自己的专业领域保持领先地位。俗话说:"台上一分钟,台下十年功。"要成功必须加倍努力,而且要比别人更努力。有不平凡的过程,才会产生不平凡的结果。

对每一个职场人士来说,你的学习能力在一定程度上决定了在公司你能走多远、做多久。因为任何工作都是需要学习才可以改进或者创新的。当一个人没有从外界学习新东西的能力或者兴趣时,当一个人不愿意或者没时间思考时,当一个人排斥创新时,他的进步与成长也就停止了。

美国著名作家威廉·福克纳说过:"不要竭尽全力去和你的同僚竞争。你更应该在乎的是:你要比现在的你更强。"这些名言警句,都是在提醒我们,要不断地学习才能有更大的发展。

有效合作,让牵手抚平单飞的痛

我们生活在一个充满竞争的时代,生存似乎变得越来越艰难,然而正是如此,我们才更需要与别人合作。最能有效地运用合作法则的人生存得最久,而且这个法则适用于任何动物、任何领域。

与人有效合作可以提高效率、降低成本,并且提高双方的竞争力,取得利益的最大化。一个人的才能和力量总是有限的,唯有合作，才能最省时省力、最高效地完成一项复杂的工作。没有别人的协助与合作，任何人都无法取得持久的成功。

李峰是某名牌大学的研究生，早在实习期就在某外资银行做了3个月，所以进入现在的公司时，已自信能够独当一面。但才华出众的他进公司才一个月就开始打退堂鼓。

事情是这样的：主管安排了几个项目，本来是让李峰和几个同事一起干，由于那几个同事都是今年刚入职的新人，技术水平相当一般。李峰认为他们不仅帮不了什么忙，反而碍手碍脚，影响自己的工作进度，于是向主管请示自己单独完成那个项目，主管点头答应了。

经过一个多月的努力，终于攻克难关，李峰将那个项目拿下了。他的技术能力是不容置疑的，领导看到他这么能干，也很器重他，将很多项目都交给李峰做。在同事眼里，李峰成了公司的核心人物，同事们却与他保持着一定的距离。因为他的恃才自傲，还有不愿合作的做法。

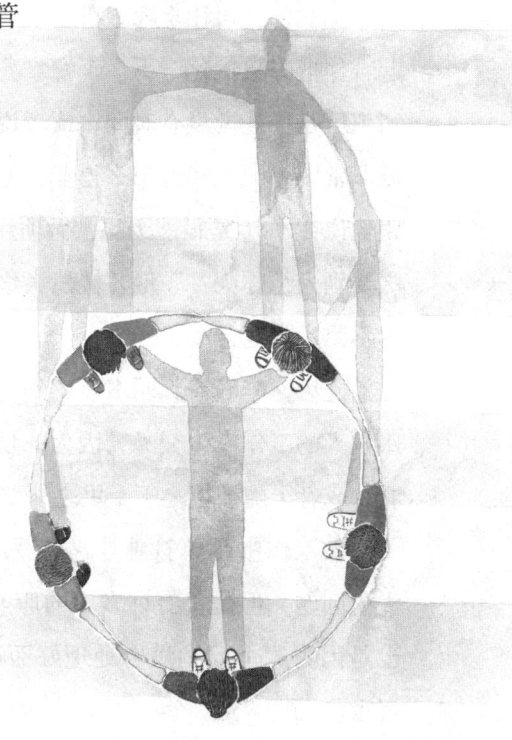

前一段时间，公司领导让李峰做一份公司研发的产品的市场拓展方案，他自认为对市场行情比较了解，能够把握住市场的走势，又有强大的技术做支持，做个方案有什么难的？可就是这个方案，让李峰着实体验了一回人情冷暖。他花了整整一个星期的时间，细斟慢酌，终于搞定了"大作"。

报告上呈后，经理却认为李峰的方案缺少了本地化的东西，操作性也不强。很多同事也认为李峰的想法太空洞，过于理想化，没有实操性。总之，他的想法被彻底地否决了。

此后，公司让李峰跟市场推广部和研发部的几个资深员工一起合作把方案优化一下。李峰拿着方案去请教他们，他们不是敷衍他就是推托说没有时间，或者说对他做的这个方案不了解。李峰非常困惑，不知道怎么得罪了他们。直到有个同事阴阳怪气地跟他说："你不是很能干吗？做项目的时候都要一个人做，现在怎么要别人帮你呢？"他才恍然大悟，发现大家都对他很冷漠，根本不愿意跟他合作。

此后，李峰看到同事就感到别扭，甚至是敌意。他尽量不去跟别人的工作发生交叉，因为一旦有求于他们，肯定没有好脸色看，或者干脆被拒之于千里之外，根本不会提供一点帮助。

在工作中是单打独斗，还是与人合作，这并不是个悬念很大的问题，但是仍有许多人的职业之舟屡屡在这个问题上触礁，也是因为这个问题没有处理好而遭到了同事的孤立，心情很是沉重。

李峰是一个能够独当一面的一流人才，但他并不能同时兼任若干职位并出色地完成任务。身为职员，具备出众的才能固然是一种很强的竞争力，但是这并不意味着能力超群就能单打独斗。从当今职场的发展趋势来说，分工合作是必然的结果，只有这样才能更大限度地调动每个人的才能，将工作完成得更好。

在职场，要想获得更好地发展，得到自己想要的一切，就必须学会与上下级合作。合作需要主动拿出你的诚意，以情动人，才能赢得同事的信任与好感，从而达到合作愉快，使利益最大化。

主动多付出一点又如何

随着知识经济时代的到来，各种知识、技术不断推陈出新，竞争日趋紧张激烈，市场需求越来越多样化，使职业人面临的情况和环境极其复杂。在很多情况下，单靠个人能力已很难完全处理各种错综复杂的信息，并采取切实高效的行动，所有这些都要求组织成员之间进一步相互依赖、相互关联、共同合作。

职场中，我们在与别人共同合作时，有时，尽管彼此有分工，但我们最好不要去斤斤计较谁做得多一点还是少一点，否则将会相互推诿，应付了事，工作效率也大大降低。如果我们先不问得失，主动地多做一点，那么将使合作更顺利、愉快。

在这一点上，我们不妨向大雁学学。

在"雁阵"里有一个非常有趣的现象,那就是头雁的位置并不固定,它一旦飞累了,会有另外一只大雁"挺身而出",接替头雁的位置,头雁就可以退到后面去休息一会儿。就这样,不停地循环往复,南来北往,在如此漫长的飞行中,从来没有一只大雁掉队。

大雁的这种情况在现实中并不少见。公司的每个部门和每个岗位都有自己的职责,但总有一些突发事件无法明确地划分到哪个部门或个人,而这些事情往往还都是比较紧急或重要的。如果你是一名称职的员工,也应该从维护公司利益的角度出发,多做一点,积极处理这些事情。

不要在心里说:反正不是我的事,再说了还有别人,我干吗出头,做吃力不讨好的事?不要以为老板不给你升职加薪,你就不去做本职工作之外的事,更不要以为你比别人多付出就是吃亏,其实到最后,最大的受益者还是你自己。

某商场要开设自己的千兆网站,建立千兆网需要克服大量技术上的困难,而具体到网站的设置,又牵涉到大量商业问题。

可公司中,大部分员工不能胜任。老板发了愁,员工们也发了愁。到哪里去找既懂计算机又懂销售的人来负责呢?

商场的这项计划一直拖延下来。保罗是计算机专业毕业的,在商场里从事计算机联网的工作,对商业销售也不懂。他看到老板一筹莫展的样子,便自告奋勇,说:"我试试吧。"

老板抱着试试看的心理同意了。保罗接手之后,一边积极学习商业销售知识，向专门人员请教，一边着手解决技术问题。

项目进展得虽然不快，可是却在稳步前进。老板对他的信任也在增加，不断放手给他更大的权力和更多的帮助。最后，保罗完成了任务，成为该网站的主管。

一个简单的故事，阐释了一个人不计眼前小利，主动付出的重要性和价值。可在职场上，就有人没有意识到这个道理而栽了跟头，遭到同事们的冷遇和孤立。如果你能主动伸出自己的手，与大家互相帮助，在工作时主动多承担一点，不仅提高工作的效率，而且也可以赢得同事的信任，从而拓宽你的职场之路。

工作的时候，多做一点将会让你得到意想不到的结果。哪怕是你认为是自己分外的工作，能够把它做好，也是能力的体现。当上级给你一些分外的工作时，你不妨将这视为一种提高自己能力的机会，高调接受。甚至有时候你还可以主动请缨承担一些分外的工作，因为这在很多时候不仅体现你工作的主动性，而且你主动替上司分忧的做法也会赢得他的好感。

曾经有一位年轻的小姐给拿破仑·希尔做速记员，她的工作很简单，除了每天记录拿破仑·希尔的口述，就是替老板拆阅、分类和回复大部分信件。她的薪水一般，但她工作很用心。有一次，拿破仑·希尔口述的一条格言"记住：你唯一的限制就是你自己脑海中所设立的那个限制"给了她很大的启示。

从那天起，她在用完晚餐后也会回到办公室，主动协助拿破仑·希尔做那些本不属于她职责范围内的工作，同时她开始研究

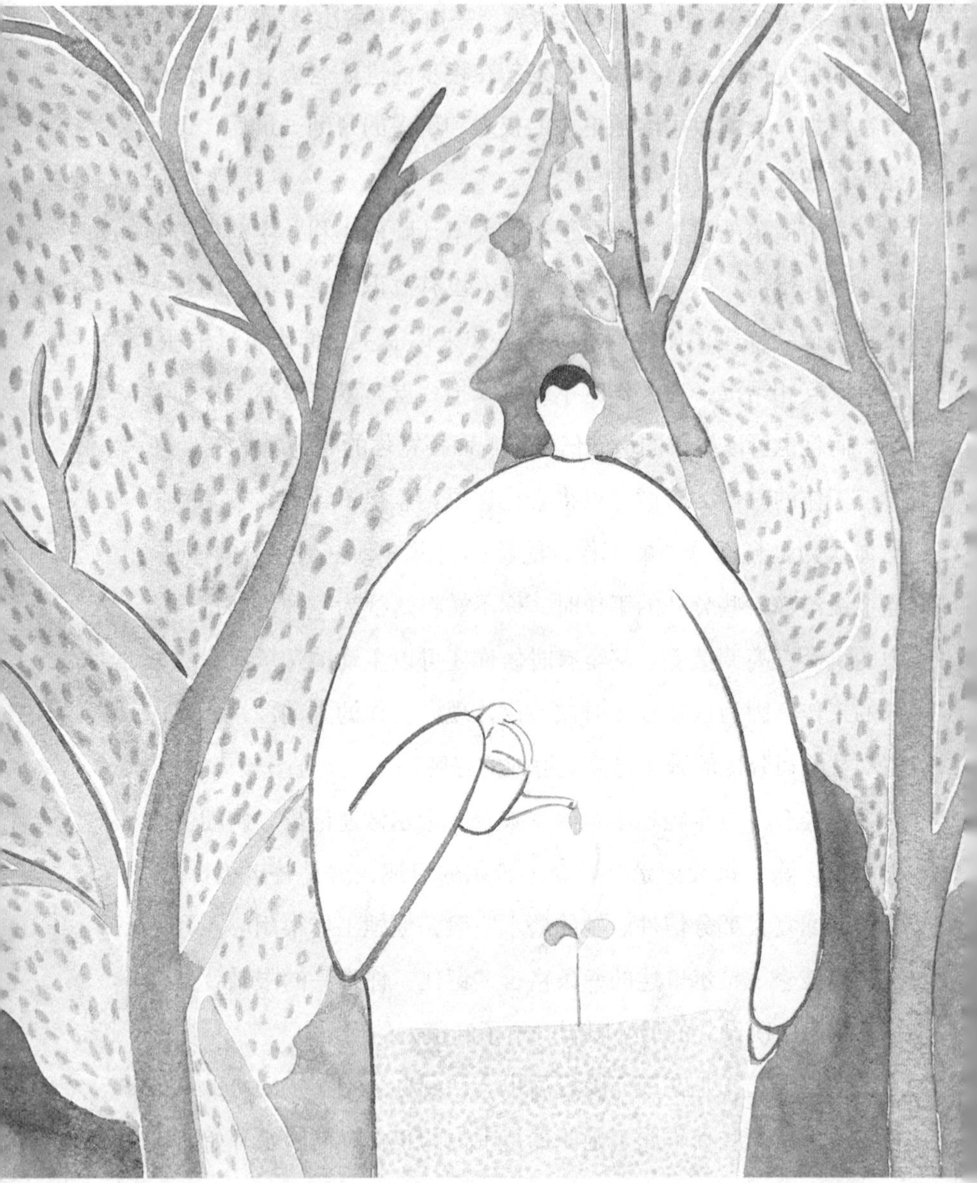

拿破仑·希尔的语体风格，经过一段时间的努力，她写的回信让拿破仑·希尔本人都觉得是自己的手笔，甚至有时比自己写的还好，自然对她的工作非常满意。因此，当拿破仑·希尔的私人秘书辞职需要有人来填补这个空缺时，他很自然地想到这位小姐。因为在拿破仑·希尔还未正式给她这项职位之前，她已经主动地承担了这个职位的工作。她的薪水也一跃变成了以前的4倍。

正是因为这位年轻女士积极承担一些分外的工作，才使她脱颖而出，为她之后的升职和加薪做好了准备。所以说，有时候适当地承担一些分外的工作其实是在给自己创造机会，"自扫门前雪"的做法虽然能让自己避开分外工作的纠缠，但也会使自己痛失良机，甚至带来上司对自己的不满，得不偿失。

古希腊哲学家亚里士多德曾说："一个生活在社会而不同其他人发生关系的人，不是动物就是神。"每个社会人都不是一个独立的存在，不管你有多么能干，你不可能永远不求助于别人。为了使自己向别人寻求帮助的时候不遭到拒绝和冷眼，你需要在平时积攒自己的人缘和人气，多与人合作，相互切磋，吸取别人的经验，看到自身的不足。

在职场上，你愿意跟大家合作，尊重大家的智慧，征求同事的意见，大家也愿意跟你合作，跟你分享他们的智慧。如果你想单打独斗，看不起别人，不愿意跟同事交流，他们自然也将你拒之门外。

你好我好大家好

在纳什均衡中,每个参与博弈的人都确信,在给定其他参与人战略决定的情况下,他选择了最优战略以回应对手。也就是说,在这场博弈中,所有人的战略都是最好最有效的。即在这样的情况下,真正形成一种"你好我好大家好"的局面。

杰克和吉姆结伴旅游。经过长时间的徒步,到了中午的时候,杰克和吉姆准备吃午餐。杰克带了3块饼,吉姆带了5块饼。这时,有一个路人路过,路人饿了,杰克和吉姆邀请他一起吃饭,路人接受了邀请。杰克、吉姆和路人将8块饼全部吃完。吃完饭后,路人感谢他们的午餐,给了他们8个金币,路人继续赶路。

杰克和吉姆为这8个金币的分配展开了争执。吉姆说:"我带了5块饼,理应我得5个金币,你得3个金币。"杰克不同意:"既然我们在一起吃这8块饼,理应平分这8个金币。"杰克坚持认为每人各4块金币。为此,杰克找到公正的夏普里。

夏普里说:"孩子,吉姆给你3个金币,因为你们是朋友,你应该接受它;如果你要公正的话,那么我告诉你,公正的分法是,你应当得到1个金币,而你的朋友吉姆应当得到7个金币。"杰克不理解。

夏普里说:"是这样的,孩子。你们3人吃了8块饼,其中,

你带了 3 块饼,吉姆带了 5 块,一共是 8 块饼。你吃了其中的 1/3,即 8/3 块,路人吃了你带的饼中的 1/3(3-8/3=1/3);你的朋友吉姆也吃了 8/3,路人吃了他带的饼中的 7/3(5-8/3=7/3)。这样,路人吃的 8/3 块饼中,有你的 1/3 块,有吉姆的 7/3 块。这样分法符合纳什均衡的原则,按这样来分,你只能得一个金币。"经夏普里这样一说,杰克也不再嚷着多分了。最后杰克与吉姆达成协议,杰克只要了 3 个金币。

经过双方的博弈,双方的选择符合纳什均衡原则,因为杰克再多要一个金币,吉姆就不平衡了,而吉姆再多要一个金币,杰克也不平衡了。所以杰克拿 3 个金币、吉姆拿 5 个金币是双方的最佳选择。

《红楼梦》里面形容四人家族的时候,用过一个评语,叫作"一荣俱荣,一损皆损",就是因为这四个家族你中有我,我中有你，牵一发动全身，他们彼此都知道其他人的策略，并且自己选择和他们合作的策略，所以红楼梦里四大家族绵延一体，不会产生不知道对方策略的困境，而恰好每次选择都是一个纳什均衡，比如薛蟠打死人后，贾府的庇护，贾家与薛家的选择就成了一个纳什均衡。

第八章 别让你的善良成为他人的工具

别让好脾气害了你

轻易点头，也许是想拒绝你的要求

轻易点头表现出来的是一种无可奈何的心态，明明心中很不耐烦，然而碍于面子或者某种特殊情况，不得已而做出点头的动作，而实际上，它是一种拒绝的表现。

连小孩都能听懂的两句英文就是，点头"yes"，摇头"no"。然而在现实生活中，这点头的含义还需要细细揣摩。在很多时候，点头并不表示同意，而轻易点头更有可能是一种无声的拒绝。

当我们向别人提一个要求时，对方还没等你说完自己的叙述便频频点头答应，而最后却没有实际的行动来帮助你实现要求，这很明显就是一种应付式的答应，其真实含义为含糊式的拒绝。

心理学告诉我们，当一个对你的性格、目的所知不多的人，对你的请求显示出"闻一知十"的态度时，通常是不想让你继续说下去。

当我们要帮助一个人时，总是有耐心地听他讲完，然后根据问题的难易程度来决定该怎样做。所以出现这种情况的解释就是要么他不愿意帮助你，只是出于礼貌而不采取直接拒绝你的办法；要么他没有听懂你的意思，只能用这种方法来表示听懂了。

通常情况下,总是自己话还未说完,对方就连续地说"好的,好的……",或者心不在焉地说"行,就这样吧"的时候,往往在我们的头脑中都会产生一种不祥的预感,感觉心里没底。非常不相信对方做出的承诺的真实性,总感觉对方根本就没有听明白其中的意思或者深思其中的含义,而且所表现出来的更多地是无奈和敷衍。所以,当你听到对方轻易答应时,不要被这种现象所迷惑,而认为他是个非常热情的人。其实,这时候你要知道,你的目的没有达到。要清楚不能在这一棵树上吊死,应该寻找更多的有效的方式或者求助更加愿意帮助你的人。

经常恭维你的,多数是你的敌人

朋友之间相互欣赏,可能会时不时地说出几句赞美的话,但是那些经常用好听的话恭维你的人,背后往往是一颗不怀善意的心。对此你一定要小心,否则会在不经意之间被其所伤。须知,明辨别人的恭维,才能躲过明枪暗箭的攻击。

饥饿的狮子看到肥壮的公牛在地里吃草。

"要是公牛没有角就好了，"狮子馋涎欲滴地想，"那我就能很快地把它制服了。可它长了角，能刺穿我的胸膛。"

后来，狮子想了个主意。他鬼鬼祟祟地侧着身子走到公牛身旁，十分友好地说："我真羡慕你，公牛先生。你的头多么漂亮呀，你的肩多么宽阔、多么结实呀！你的腿和蹄多么有力量呀！不过，美中不足的就是有两只角，我不明白你怎么受得了这两只角，这两只角一定叫你十分头痛，而且也使你的外貌受到损害，不是吗？"

公牛说："你这样认为吗？我从来没有想过这一点。不过，经你这么一提，这两只角确实显得碍事，还有损我的外貌。"

狮子溜走了，躲在树后面看着。公牛等到狮子走远了，就把自己的脑袋往石头上猛撞。一只角先撞碎了，接着另一只角也碎了，公牛的头随之变得平整光秃了。

"哈哈！"狮子大吼一声，跳出来大声说道："现在我可以摆平你了。多谢你把两只角都撞掉了，我之前没有攻击你，正是这两只角妨碍了我啊！"

每个人都爱听恭维话，这是人的共性，也是人的弱点。听到别人的赞美与恭维，许多人都会沾沾自喜，甚至会飘飘然。然而，许多人只顾得自我陶醉，并没有弄清对方赞美的真正含义。发自内心的真诚赞美是对方对你敬佩之情的自然流露，对此要表示真心的感谢；无关痛痒的客套话可一笑了之；裹着糖衣的不怀好意的恭维，其背后隐藏着不可告人的目的，对此一定要辨识清楚，以免被笑容背后的毒刺所伤。

憨厚的公牛没有抵御住狮子糖衣炮弹的攻击，把狮子别有用心的赞美当成是对它的欣赏，迫不及待地把角撞碎了，以迎合狮子所说的美，最终却命丧狮口。对于心里不设防的人来说，美丽的语言可能比凌厉的攻击更有效。公牛在夸赞声中兴奋得丢掉了自我，终于落入了狮子设的陷阱中。

人贵有自知之明。对于别人的赞美，我们要有清晰的分辨能力，不要被虚伪的客套话所迷惑，这是一种欺骗。当别人赞美自己的时候，切不可只开放自己的耳朵却关上了理智的大脑。别人的恭维只是绽放的焰火，焰火渐渐熄灭的时候，我们的心要归于平静。铸就抵制花言巧语的盾牌，才能不被坏人利用。

最大的危险来自那些让你看不出危险的人

虚伪面孔下的歹意就像一支暗箭,在骗取你的信任之后,会在你没有觉察的时候伤害到你。不要轻信善良的面孔,时刻保持警惕,才不会让阴谋得逞。

一只年幼无知的小老鼠,因毫无准备差点被人逮住。它向母亲讲述了它的历险经过:"我穿过环绕着的山峦,一路小跑。这时候,两只动物引起了我的关注。一只温柔、善良而亲切;另一只却好激动、爱争吵,它的嗓音尖厉刺耳,头上还顶着个大肉包,尾巴展开着翎毛。它的两只胳膊向空中升起,好像就要飞翔一般。"

小老鼠向妈妈描述的原来是只小公鸡,但它叙述得却像是从遥远的南美洲来的动物一般。

"它用双臂拍打着自己的双肋,"小老鼠接着说,"发出好大的声响。感谢上帝赋予我胆量,可我还是吓得逃跑了。我在心里咒骂它,没有它,我将和那只看来非常温和的动物结识了。它和我们一样,身上有着柔软的毛,有斑纹,长尾巴,举止斯文,目光稳重、炯炯有神。我寻思,它和我们老鼠一定能友好相处,因为它耳朵的形状也与我们的大体相同。正当我要与它打招呼时,另外那个家伙发出的巨响把我吓跑了。这个温和的家伙到底是谁呢?"

"我的孩子,"鼠妈妈说,"这温和的家伙是猫,在它虚伪的面孔下却有着不可告人的歹意。它专门捕食我们的同胞;另一只是公鸡,而它根本不会危害我们,也许有一天还会成为我们的美餐。"

外表是我们对一个人做出辨别的直接因素。面善心慈、面凶心恶是我们先入为主的观念,但在现实生活中并不是这样。面相不和善的人也许有着一颗善良的心,在我们遭遇危难时能及时伸出援助之手;而那些表面温柔、善良的人的背后却可能隐藏着一副邪恶歹毒的心肠。同样,在危难时,曾被怀疑的朋友往往成为救星,十分信赖的朋友却往往成为叛逆。须知道,人的内心并不是从表面上就能看出来的,识别虚伪面孔下的歹意常常比认识一颗深埋的善心更加重要。深藏的歹意就像一支暗箭,会在不经意之间伤害到你。

小老鼠是善良而又单纯的，由于它不具备辨别善恶的能力，仅凭外貌来做出判断，以致差点遭到猫的毒手。貌似温柔的猫在虚伪的面孔下隐藏着捕捉老鼠的歹意，而吵闹好动的公鸡却没有任何危害，而且可能是老鼠的美食。相貌真的会骗人，以貌取人者，必然会付出惨重的代价。

人的善恶不会写在脸上，坏人不一定就要生得面目狰狞，好人也不一定就显得慈眉善目。对于陌生人，千万不可以貌评判，而是要时刻保持警觉，观察其言行举止，找到可能潜藏的虚伪丑恶。唯有这样，才不会上当受骗。

小心最了解你的人，有时他是最危险的

最好的朋友，为什么往往是最危险的敌人？因为他最了解你，而你也最信任他。做错事，再怎么严重，也不过是一件事，总还有弥补的机会。信错人，则是一辈子都没有办法挽回的遗憾。因为他可能在你最失意的时候补上一脚，让你跌入永世不能翻身的深渊。其实信错了人，不只是"人"出了问题，最大的问题在于错估了"人性"。

公元前353年，庞涓和孙膑原本都是鬼谷子的学生，两个人的感情很深厚。庞涓准备先离开鬼谷子，施展抱负。他离开鬼谷子之前，告诉孙膑自己愿意尽最大的力量让他也能功成名就，庞涓的一席话让孙膑感动不已。

庞涓是魏国人,先到魏国晋见魏惠王魏罃。魏惠王见庞涓很有大将风范,马上封庞涓为大将。庞涓受到魏罃重用,在魏国的权势如日中天。他想起当初对孙膑的承诺,取得魏罃的同意后,写了一封信给孙膑,邀请孙膑到魏国共同协助魏惠王。

孙膑到了魏国,魏罃原来想让孙膑担任庞涓的副军师,协助庞涓处理一些军务。但是庞涓却向魏罃极力推荐,让孙膑担任客卿(首席顾问)的职务。庞涓这个举动,让孙膑感动不已。

经过一段日子,庞涓才发现自己离开鬼谷子后,鬼谷子传了一部兵法给孙膑,使得孙膑的能力比自己强了许多。他一方面害怕孙膑受到魏罃重用,会让自己失去权力,逐渐感到恐惧,但是另一方面又想得到孙膑脑中的兵法。

于是他找了一个机会,问孙膑是否还有家人,孙膑回答说自己有两个哥哥,但是早就失去联络,音信全无了。庞涓想再试探一下孙膑,问孙膑还想念故乡吗?有没有回齐国的打算?孙膑表示虽然想念故乡,不过现在已经在魏国服务了,一切都应该以魏国为重。

庞涓知道孙膑还惦记着哥哥,就派手下伪装成齐国人,给孙膑送来了家书。孙膑看到书信,激动得流下眼泪,以为哥哥目前仍在齐国,立刻写了一封信给哥哥。庞涓将孙膑的回信呈给魏罃,检举孙膑有通敌叛国的意图。魏罃看了书信后,认为孙膑只不过是思念家乡,还谈不上通敌叛国。

庞涓见魏罃愈来愈相信孙膑,心里更加恐惧。他于是提醒魏

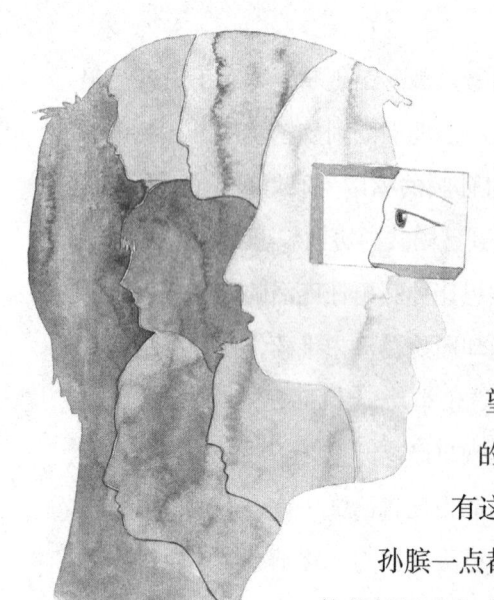

罂,万一孙膑提出回齐国的要求,就证明孙膑有叛国的意图,请将孙膑交给他处理。魏罂同意了庞涓的请求。

庞涓离开王宫,直接去探望孙膑,他问孙膑:"听说你的家人派人送来了家书,真的有这样的好消息吗?"

孙膑一点都没有隐瞒,把信中哥哥希望他能够回去扫墓祭祖的事情,完全坦白地告诉了庞涓。

庞涓说:"兄弟们离开这么久了,互相思念也是人之常情。你为什么不向魏王请一两个月假,回去扫墓祭祖,顺便和兄弟们团聚一下呢?"

孙膑回答:"齐国是魏国的仇敌,恐怕魏王会怀疑我回去的动机,不会答应吧!"

庞涓拍着胸脯保证:"不试试看,怎么知道呢?你放心吧!我一定会向魏王担保,这件事应该不成问题!"

孙膑对庞涓的"真情对待"感激到了极点。

第二天,孙膑立刻向魏王请一个月假回齐国扫墓。魏罂看了奏章,大为恼火,认为孙膑果然通敌叛国,立刻下令捉拿孙膑,交给庞涓处理。庞涓先假装吃了一惊,告诉孙膑愿意代他向魏罂陈情,为他洗刷冤情。

庞涓说完,立刻进宫告诉魏罂,只要砍断孙膑的双腿,让他回不了齐国,孙膑就没有办法叛变了。魏罂已经没有心思再管这件事了,一切就都交给了庞涓处理。

庞涓回来告诉孙膑:"魏王原来打算赐你死罪,经过我苦苦哀求,才答应免除死罪,改为膑刑。"

孙膑除接受处罚外,对这个帮助自己解决困难的好友,感激得五体投地,答应要将兵法默写出来送给他,作为回报。

直到有一天,庞涓府中的家人看不过去,将真相告诉了孙膑,孙膑才知道他遭到了陷害。而陷害他的,正是他最信任的朋友——庞涓。

人的内心体现在脸上,而不是嘴上

一个人的神情总是或多或少地反应了其内心的秘密。与人相处,必须善于通过神情探析其内心真实的想法。谁能最先洞察对方内心的想法,谁就能够赢得成功的主动权!

魏、蜀、吴三国鼎足而立之时,有一天,有个陌生男子前来拜见刘备,并声称有重大的事情要见他。侍卫为了安全起见,拦住了此人。不料,此人就在殿外大喊:"玄德公,早就听说您是个爱才如命的人,为何不肯见我呢?"

侍卫将他推出门外，他就更大声地喊："当今三国鼎立，谁都想一统天下。但这并非易事，若得到我的良策便可使对方俯首称臣，玄德公！玄德公！"

这人的声音越来越大，刘备听说此人有治国的良策，就心动了，不禁走到殿外，亲自迎接他到殿内。那人先是恭维了一番，接着就与刘备谈论起来。两人谈论各国的英雄，谈论三国地理、人文和各自施政的得失。刘备觉得此人谈吐不凡，心中对他的喜爱之情油然而生。两人越谈越起兴，竟如多年的老朋友一般。

正当谈得十分投机的时候，诸葛亮突然走了进来。还没等诸葛亮开口，这人就神色慌张，起身托词说要上厕所，便匆匆地离开了。

这时刘备就向诸葛亮极力夸奖此人，说什么此人是个不可多得的人才，上知天文，下晓地理，想说服他为自己所用。

可是诸葛亮却不以为然地说："主公！我看此人并非善类。他见了臣，脸色骤变而神情紧张，连眼睛都不敢正视我，而是左顾右盼、形色不安，奸相外露。从他那慌乱不安的眼神就可以看出此人心怀不轨，要不又怎么会有如此的变化呢？我想，他一定是暗藏杀机而来，幸亏我早来一步啊！"

刘备听了，这才大吃一惊，赶忙命人前去捉拿。岂料，厕所哪有人影，那人早就翻越院墙逃之夭夭了。刘备此时才知道自己险些丧命，不由惊骇得大汗淋漓。

诸葛亮通过那人的神色变化，洞悉了其奸计，使刘备免遭一劫。

在人类的心理活动中,表情最能反映情绪的变化。表情能反映一个人的态度、情绪和动机等,通过对一个人表情的观察和分析,可以了解其内心的欲望、意图和状态,借此形成对他的认知。在现实生活中,我们必须和各种各样的人打交道,这些人中,有好人,也有坏人。面对复杂的人群,我们必须练就一双慧眼,能够通过其表情准确地读懂他人的内心,从而判断他们是君子还是小人,是朋友还是对手。伟大的成功者总是善于通过观察对方来捕捉成功的机会,因为,一个微小的动作,其实已经透露了对方内心的真实想法!

宽厚的刘备志向远大,陌生男子正是抓住了刘备的雄心,通

过豪言壮语来套取刘备的青睐,妄图趁机杀害他。诸葛亮是智慧的化身,此人一见诸葛亮便神情慌张,逃之夭夭。诸葛亮显然观察到了这一点,洞悉了其奸计,使刘备逃过一劫。相信刘备也从此事中吸取了一定的教训。眼睛是心灵的窗户,对陌生人,必须迅速地通过神情判断其善恶。

看错人是最糟糕的错误,也是最容易犯的错误。但是,一个人只要心存恶念,无论怎么掩饰,都会在神情上有所表现。识人是一门深奥的学问。一旦你具备了看透人心的能力,能读懂他人内心的秘密,就能正确地和他人相处。在做人做事的过程中游刃有余,达到高超的人生境界。

反常的举动背后必有原因

不合理的批评往往是掩饰了的赞美。只有一事无成的小人物,才不会引起别人的注意,更不会遭到严厉的批评。别人的恶意批评意味着你已经有所成就,而且值得别人注意了,因为"没有人会踢一只死狗"。

1929年,美国发生了一件震动全国教育界的大事,美国各地的学者都赶到芝加哥去看热闹。几年之前,有个名叫罗勃·郝金斯的年轻人,凭借半工半读从耶鲁大学毕业,当过作家、伐木工人、家庭教师和卖成衣的售货员。现在,只经过了八年,他就被任命为芝加哥大学的校长。他有多大?30岁!真叫人难以置信。老一辈的教育人士都大摇其头，人们对他的批评就像山崩落石一样一齐打在这位"神童"的头上，说他这样，说他那样——太年轻了，经验不够，教育观念很不成熟，甚至各大报纸也参加了攻击。

在罗勃·郝金斯就任的那一天，有一个朋友对他的父亲说："今天早上我看见报上的社论攻击你的儿子，真把我吓坏了。"

"不错，"郝金斯的父亲回答说，"话说得很凶。可是请记住，从来没有人会踢一只死狗。"

不错，这只狗愈重要，踢它的人愈能够感到满足。后来成为英王爱德华八世的温莎王子（即温莎公爵），他的屁股也被人狠狠地踢过。当时他在达特莫斯学院读书——这个学校相当于美国安那波里市的海军军官学校。温莎王子那时候才14岁，有一天，一位海军军官发现他在哭，就问他发生了什么事情。他起先不肯说，可是最后终于说了真话：他被学校的学生踢了。指挥官把所有的学生召集起来，向他们解释王子并没有告状，可是他想晓得为什么这些人要这样虐待温莎王子。

大家推诿拖延支吾了半天之后，终于承认说：等他们自己将来成了皇家海军的指挥官或舰长的时候，他们希望能够告诉人家，自己曾经踢过国王的屁股。

"攻击比自己优越的人"是人的一个本性。哲学家叔本华说过："小人常为伟人的缺点或过失而得意。"总有那么一些人，以讥讽、打击比自己优秀、比自己优越的人为荣，从中得到片刻的

心理满足，实际上也是一种虚荣心在作怪。没有任何人喜欢别人的批评，但绝对不可能不受批评。我们不能阻止别人对自己做任何不公正的批评，但我们可以做我们自己：不管别人怎么说，只要自己知道你是对的就可以了。

从父亲镇定自若的言行中，我们可以知道郝金斯的成就一定是货真价实的。父亲了解郝金斯，他明白所有对儿子的攻击都是不公正的，但他不去争辩，清者自清，浊者自浊，是儿子的出众才引来非议，他为儿子感到自豪。同样，温莎王子并没有做错什么，海军军官不过是为了以后的虚荣才踢他屁股，这说明他们对未来的国王是多么的重视。

只要你超群脱众，就一定会受批评。不要恼怒于别人的言语冒犯或恶意批评，这意味着你已经有所成就，而且是别人注意的，别人只不过想通过指责你来得到满足感。收起你遮挡批评的伞吧，让批评的雨水从你的身上流下去，而不是滴在你脖子里。也许，但丁的那句名言最能代表明智的做法："走自己的路，让别人去说吧！"